Alexander Schubert

Numerische und experimentelle Untersuchungen zum Einfluss von Fluktuationen bei der HCCI-Verbrennung

Numerische und experimentelle Untersuchungen zum Einfluss von Fluktuationen bei der HCCI-Verbrennung

von
Alexander Schubert

Dissertation, Karlsruher Institut für Technologie
Fakultät für Maschinenbau
Tag der mündlichen Prüfung: 07. Juli 2011

Impressum

Karlsruher Institut für Technologie (KIT)
KIT Scientific Publishing
Straße am Forum 2
D-76131 Karlsruhe
www.ksp.kit.edu

KIT – Universität des Landes Baden-Württemberg und nationales
Forschungszentrum in der Helmholtz-Gemeinschaft

KIT Scientific Publishing 2011
Print on Demand

ISBN 978-3-86644-723-3

Numerische und experimentelle Untersuchungen zum Einfluss von Fluktuationen bei der HCCI-Verbrennung

Zur Erlangung des akademischen Grades eines Doktors der Ingenieurwissenschaften
von der Fakultät für Maschinenbau des Karlsruher Instituts für Technologie
genehmigte Dissertation

von

Dipl.-Ing. Alexander Schubert

aus Schlat

Hauptreferent: Prof. Dr. rer. nat. Ulrich Maas
Korreferent: Prof. Dr.-Ing. Ulrich Spicher

Tag der mündlichen Prüfung: 07.07.2011

Institut für Technische Thermodynamik
Prof. Dr. rer. nat. U. Maas

KIT – Universität des Landes Baden-Württemberg und
nationales Forschungszentrum in der Helmholtz-Gemeinschaft

" Science is like sex, sometimes something
useful comes out but that is not the
reason we are doing it! "
Richard P. Feynman
(1918 - 1988)

Inhaltsverzeichnis

Abbildungsverzeichnis

Tabellenverzeichnis

Abkürzungen

Lateinische Buchstaben

A_k	$\mathrm{m^2}$	Kolbenfläche
A_l	$\frac{\mathrm{mol}}{\mathrm{m^3 \cdot s}}, \frac{1}{\mathrm{s}}, \frac{\mathrm{m^3}}{\mathrm{mol \cdot s}}, \frac{\mathrm{m^6}}{\mathrm{mol^2 \cdot s}}$	präexponentieller Faktor
ARC		Activated Radical Combustion
ATAC		Activated Thermo-Atmosphere Combustion
c	$\frac{\mathrm{m}}{\mathrm{s}}$	Lichtgeschwindigkeit ($2.9979 \cdot 10^8 \frac{\mathrm{m}}{\mathrm{s}}$)
c_i	$\frac{\mathrm{mol}}{\mathrm{m^3}}$	molare Konzentration der Spezies i
c_p	$\frac{\mathrm{J}}{\mathrm{mol \cdot K}}$	Wärmekapazität der Mischung bei konstantem Druck
CIHC		Compression-Ignited Homogeneous Charge
D	m	Brennraumdurchmesser
E	J	Energie
$E_{a,l}$	$\frac{\mathrm{J}}{\mathrm{mol}}$	Aktivierungsenergie
h	m	Kolbenhub
h	Js	Plancksches Wirkungsquantum ($6.626 \cdot 10^{-34}\mathrm{Js}$)
h_i	$\frac{\mathrm{J}}{\mathrm{kg}}$	spezifische Enthalpie der Spezies i
HCCI		Homogeneous Charge Compression Ignition
k	$\frac{\mathrm{mol}}{\mathrm{m^3 \cdot s}}, \frac{1}{\mathrm{s}}, \frac{\mathrm{m^3}}{\mathrm{mol \cdot s}}, \frac{\mathrm{m^6}}{\mathrm{mol^2 \cdot s}}$	Reaktionsgeschwindigkeitskoeffizient
k_0	$\frac{1}{\mathrm{s}}$	Reaktionsgeschwindigkeitskoeffizient für Niederdruck Grenzfall
k_∞	$\frac{1}{\mathrm{s}}$	Reaktionsgeschwindigkeitskoeffizient für Hochdruck Grenzfall
k_f	$\frac{1}{\mathrm{s}}$	Übergangsrate mit Strahlung durch Fluoreszenz
k_{koll}	$\frac{1}{\mathrm{s}}$	Übergangsrate (strahlungslos durch Kollision)
k_{nr}	$\frac{1}{\mathrm{s}}$	Übergangsrate (strahlungslos)
l	m	Pleullänge
LEV		US-Abgasstandard: low emission vehicle
m	-	Mittelwert der Abgasrate
$\dot{m}_j$	$\frac{\mathrm{kg}}{\mathrm{s}}$	zeitliche Massenänderung der Zone j
M_i	$\frac{\mathrm{kg}}{\mathrm{mol}}$	molare Masse der Spezies i

$\overline{M}$	$\frac{\text{kg}}{\text{mol}}$	mittlere molare Masse
$\overline{\overline{M}}$	$\frac{\text{kg}}{\text{mol}}$	Diagonalmatrix der molaren Massen
n	$\frac{1}{\text{min}}$	Drehzahl
$N_{Spezies}$		Gesamtanzahl der Spezies
N_{Zone}		Gesamtanzahl der Zonen
N_{TC}		Negative Temperature Coefficient
p	bar	Druck
P_{CCI}		Premixed-Charge Compression Ignition
P_{DF}		Probability Density Function
P_{RF}		Primary Reference Fuel
q	$\frac{\text{J}}{\text{kg}}$	spezifische Wärme
$\dot{q}_j$	$\frac{\text{J}}{\text{kg·s}}$	spezifische Wärmestrom der Zone j
Q	J	Wärmeenergie
r	m	Kurbelradius
R	$\frac{\text{J}}{\text{mol·K}}$	allgemeine Gaskonstante
R_{ON}		Oktanzahl
s	m	Kolbenweg
S_0	J	energetischer Grundzustand
S_1	J	energetisch angeregter Zustand
S_{ULEV}		US-Abgasstandard: super ultra low emission vehicle
t	s	Zeit
T	K	Temperatur
T_{LEV}		US-Abgasstandard: transitional low emission vehicle
T_{RF}		Toluene Reference Fuel
T_{S}		Toyota-Soken
u_j	$\frac{\text{J}}{\text{kg}}$	spezifische innere Energie der Zone j
U_{LEV}		US-Abgasstandard: ultra low emission vehicle
V	m^3	Volumen
V_c	m^3	Kompressionsvolumen
V_h	m^3	Hubvolumen
w	kg	Brennraummasse
w_i	-	Massenbruch der Spezies i
$\overline{w}_j$	-	Vektor der Massenbrüche der Zone j
x_i	-	Molenbruch der Spezies i
$\text{X}_{10\,\%}$	°KW n. ZOT	10 %-Umsatzpunkt = Brennbeginn
$\text{X}_{50\,\%}$	°KW n. ZOT	50 % Umsatzpunkt = Verbrennungsschwerpunkt
$\text{X}_{90\,\%}$	°KW n. ZOT	90 % Umsatzpunkt = Brennende
X_{d}	°KW	Brenndauer, $\text{X}_{90\%} - \text{X}_{10\%}$

Griechische Buchstaben

β_l	-	Temperaturexponent
ϵ	-	geometrisches Kompressionsverhältnis
λ	-	Luft/Kraftstoff-Verhältnis
λ	m	Wellenlänge
λ_s	-	Schubstangenverhältnis
θ	°	Kurbelwinkel
ρ	$\frac{\text{kg}}{\text{m}^3}$	Dichte
$\dot{\omega}_i$	$\frac{\text{mol}}{\text{m}^3 \cdot \text{s}}$	Bildungsgeschwindigkeit der Spezies i
ϕ_{fl}	-	Fluoreszenzausbeute
σ	m^2	Absorptionsquerschnitt
σ	-	Standardabweichung der Abgasrate

Anmerkungen zur verwendeten Nomenklatur

Im Gegensatz zu der in Deutschland üblichen Verwendung eines Kommas als Dezimaltrennzeichen wird im englischen Sprachraum ein Dezimalpunkt als Trennzeichen benutzt. Aufgrund des internationalen Austausches und Vergleichs der Resultate dieser Arbeit sowie der Benutzung von Software aus dem englischen Sprachraum können daher Inkonsistenzen auftreten. Um Verwechslungen vorzubeugen, werden in dieser Arbeit konsequent Punkte und nicht Kommata als Dezimaltrennzeichen verwendet.

Abstract

The research on internal combustion engines is focussing on increasing fuel economy and reducing exhaust gas emissions. A promising combustion concept therefore is the so called *'Homogeneous Charge Compression Ignition'* (HCCI), that combines high efficiency and low particle and NO_x emissions. A challenge of this concept is that the combustion timing cannot be controlled by typical in-cylinder means. Detailed investigations and analyses of the combustion processes are necessary to improve the understanding of the underlying chemical processes. This research focuses on understanding basic characteristics of controlling and operating HCCI-engines. Experiments and detailed chemical kinetic simulations have been applied to characterise some of the fundamental operational and design characteristics of HCCI-engines.

The autoignition and combustion in single-cylinder two- and four-stroke HCCI-engines are simulated. Therefore the existing simulation tool HOMREA has been improved to allow the simulation of an internal combustion engine by a multi-zone model. As a simplification, transport phenomena between the zones are implemented but neglected in this work. Only interzonal interactions resulting from temperature increase and the associated pressure increase due to chemical reactions are accounted for.

As technical fuels consist of a variety of chemical species a detailed reaction mechanism was developed for the detailed chemical kinetic simulations of a four-stroke HCCI-engine. The detailed mechanism represents the three major species (iso-octane, cyclohexane and iso-dodecane) of a gasoline reference fuel. The developed mechanism shows for the major species and the gasoline reference fuel a clear NTC-regime. The mechanism shows good correspondence with experimental ignition times of the gasoline reference fuel not only for stoichiometric but also for lean equivalence ratios. Numerical ignition times with the developed detailed mechanism show for the single species (iso-octane and cyclohexane) good results compared with experiments and other detailed mechanisms under engine relevant pressure conditions.

The input parameters of the four-stroke HCCI-engine are based on CFD-simulations. From these simulations input conditions for three different injection time strategies were received, every zone, in the multi-zone model, varies in temperature and species composition. As predicted by detailed chemical kinetic simulations the multi-zone model is sufficient to predict the observed cylinder pressure traces for different injection time strategies with good accuracy. The pressure rise is not as steep as the single-zone model and more similar to the experiment or CFD-simulations. With increasing zone numbers a better correspondence with the experiment and CFD-results is found. Especially combustion values like the start of the combustion or the combustion duration agree with the experiment much better than a simple single-zone model.

Experimental measurements with two-dimensional laserinduced fluorescence LIF using acetone as a fuel-tracer were carried out on an optically accessible single-cylinder two-stroke HCCI-engine running on iso-octane. Under low temperature conditions with no autoignition it is observed that the standard deviation of the LIF-Signal is small, therefore an homogeneous fuel/air mixture in the combustion chamber was assumed. During the compression stroke no tracer consumption was found, the experimental investigations rather show that the tracer acetone is formed. The same phenomena were found by detailed chemical kinetic simulations which show a formation of acetone and further ketones. Additional measurements in the same two-stroke HCCI-engine running on iso-octane and n-heptane mixture with autoignition and combustion show that the combustion starts at several places. There must be fluctuations additional to the homogeneous fuel/air mixture. Diverse mixtures of fuel/air and exhaust gas force different species compositions and temperatures in the chamber, and by that different ignition times.

The influence of varying parameters, such as octane number, equivalence ratio, average, and fluctuation of the exhaust gas recirculation on the autoignition is investigated for the two-stroke HCCI-engine. For the exhaust gas fluctuations a β-distribution based on the experimental observations in the two-stroke HCCI-engine was used. For similar composition and temperature conditions like the experiment, the pressure traces agree well. With the parameter variation different possible areas can be determined where positiv effects for single parameters, like maximum pressure, pressure rise, or exhaust gas emissions appeared. The method can be used for a pre-definition of the experimental setup, for the selection of the best octane number under given compression ratio or for the best exhaust gas recirculation with regard to pressure rise.

Kapitel 1

Einleitung

Fossile Energieträger stellen nach wie vor die wichtigste Ressource dar, um den steigenden weltweiten Energiebedarf zu decken [44]. Die Energiewandlung findet dabei sowohl in Großindustrieanlagen, wie Heizkraftwerken zur Erzeugung elektrischer Energie, als auch im privaten Bereich in Form von Verbrennungsmotoren in Automobilen oder von Heizanlagen statt. Die Verbrennung fossiler Energieträger ist allerdings auch die Hauptursache für die weltweit steigenden Kohlendioxidkonzentrationen. Dieses Verbrennungsprodukt ist mitverantwortlich für die Klimaerwärmung. Neben Wasserdampf entstehen bei der Verbrennung auch noch weitere Schadstoffe wie Kohlenmonoxid, Stickoxide und unverbrannte Kohlenwasserstoffe.

Eine der Quellen dieser Schadstoffe stellt der motorisierte Individualverkehr dar, der, durch nach wie vor niedrige thermodynamische Wirkungsgrade, sowohl hohe Kohlendioxidemissionen als auch einen hohen Kraftstoffverbrauch verursacht. In den 60er Jahren des letzten Jahrhunderts begannen die Länder, allen voran der US Bundesstaat Kalifornien mit seinen Ballungsgebieten, mit der Festlegung von gesetzlichen Grenzwerten für die Schadstoffemissionen. Im Laufe der Zeit folgten immer mehr Länder diesem Beispiel und entwickelten zum Teil eigene Testverfahren und eigene Grenzwerte für die Emissionen. Die verbreitetsten Abgasbestimmungen sind dabei die der Europäischen Union und der USA [93], welche auch in weiteren Ländern ihre Anwendung finden. Die deutlich reduzierten Emissionsgrenzwerte für Ottomotoren, wie sie die europäische Euro 5 Norm [91] oder die US-amerikanische „Ultra low emission vehicle" (ULEV) Norm vorsieht, zeigt Abbildung 1.1 [128]. Neben einer deutlichen Reduzierung der Schadstoffe NO_x, CO und HC (bzw. NMOG „Non Methane Organic Gases" in den USA) sind inzwischen auch Partikelemissionen für Ottomotoren begrenzt. Neben einer weiteren Begrenzung der Schadstoffemissionen ist es sehr wahrscheinlich, dass durch den Gesetzgeber in Zukunft auch eine kontinuierliche Absenkung der Emissionen von Kohlendioxid festgeschrieben wird. Dies würde einhergehen mit einer Reduzierung des Kraftstoffverbrauchs. Die Tatsache der Umweltbelastung und der strengeren Umweltgesetzgebung erfordert die Optimierung der Verbrennungsprozesse hinsichtlich minimaler Schadstofemissionen. Zudem erfordert die Endlichkeit der Ressourcen für fossile Energieträger wie Kohle, Erdöl oder Erdgas, in Verbindung mit dem steigenden weltweiten Energiebedarf und den sich daraus ergebenden steigenden Rohstoffpreisen, die Notwendigkeit der Optimierung von Verbrennungsprozessen hinsichtlich des Wirkungsgrades bzw. des Verbrauchs.

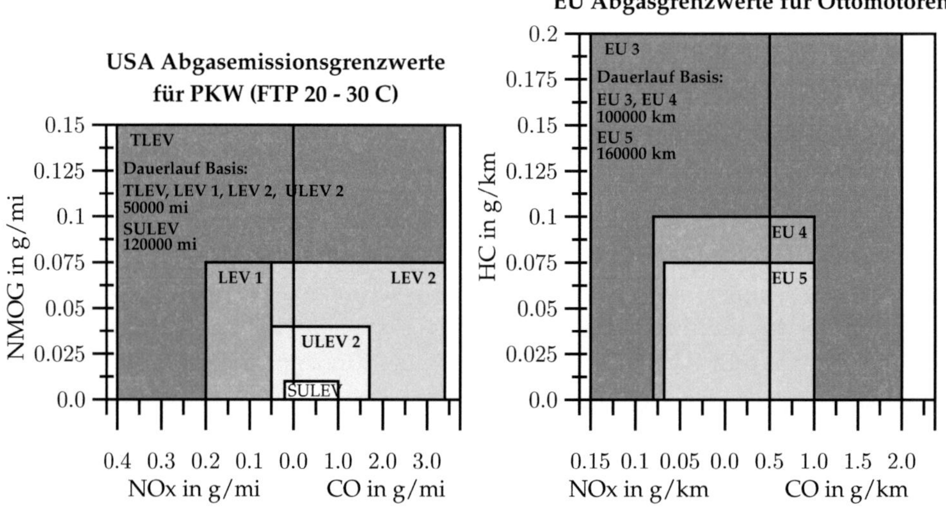

Abbildung 1.1: Entwicklung der Abgasgrenzwerte in den USA und der EU [128].

Einen vielversprechenden Ansatz zum Erreichen dieser Ziele stellt hierbei die homogene kompressionsgezündete Verbrennung dar. Dabei wird ein weitestgehend homogenes vorgemischtes Kraftstoff/Luft-Gemisch, oftmals mit zusätzlichen hohen Abgasanteilen, durch die Kompression zur Selbstzündung gebracht. Dieses Brennverfahren wird üblicherweise mit dem Begriff HCCI („Homogeneous Charge Compression Ignition") bezeichnet [136]. Wobei HCCI für die Selbstzündung eines homogenen, weitestgehend vorgemischten Gemisches sowohl in Ottomotoren als auch in Dieselmotoren steht.

In zahlreichen internationalen Veröffentlichungen wurde bereits auf das wesentliche Potenzial dieses Konzeptes hinsichtlich der Steigerung des Wirkungsgrades und der Reduzierung von Rohemissionen hingewiesen [26, 51, 81, 85, 136]. Durch das magere Gemisch mit hohem Abgasanteil kommt es zu reduzierten Spitzentemperaturen, so dass die hohen Temperaturen, die zur Bildung von „thermischem" NO notwendig sind, nicht erreicht werden und kaum NO_x-Emissionen auftreten. Auch die bei Dieselmotoren oder Ottomotoren mit Direkteinspritzung typischen Partikelemissionen weist die homogene kompressionsgezündete Verbrennung nicht auf. Des Weiteren bietet die HCCI-Verbrennung die Möglichkeit, auch verschiedenste Kraftstoffe, sowohl gasförmig als auch flüssig, einzusetzen [26, 40, 63, 111, 133].

Die Serieneinführung dieses Brennverfahrens stellt allerdings immer noch eine Herausforderung dar. Zum einen ist die Steuerung der Selbstzündung, speziell im transienten Motorbetrieb, problematisch. Zum anderen muss die Selbstzündung in der motorischen Umsetzung als Niedrig- bzw. Teillastbrennverfahren verstanden werden, da bisherige serientaugliche Konzepte eine Ladungsverdünnung mit Abgas voraussetzen. Die notwendigen Umschaltstrategien zwischen konventioneller Verbrennung unter Volllast und kontrollierter Selbstzündung bei Teillast führen zu weiteren ungelösten Fragestellungen. Daher sind weiterführende Grundlagenuntersuchungen nach wie vor zur Lösung dieser Herausforderungen notwendig.

Für die Untersuchung der Selbstzündung sind exakte Informationen über die Zustände im Brennraum notwendig. Die im Brennraum herrschenden Bedingungen wie Druck, Temperatur und Zusammensetzung beeinflussen die bei Selbstzündungsprozessen ablaufenden dominierenden chemischen Prozesse stark. Diese Informationen über die Bedingungen können durch laserspektroskopische und optische Untersuchungen direkt aus Motorversuchen gewonnen werden. Fluktuationen im Brennrauminneren können auf diese Weise identifiziert und numerischen Modellen, zur Simulation von Verbrennungsprozessen, zur Verfügung gestellt werden. Zur Durchführung der Simulationen ist allerdings ein effizientes Modell nötig, welches in der Lage ist, Inhomogenitäten zu berücksichtigen.

Zur Realisierung der oben genannten Punkte wird daher das bestehende Programm HOMREA zur Simulation homogener Verbrennungsvorgänge in der Gasphase [76, 77, 80] dahingehend erweitert, dass nun die Simulation mehrerer Zonen (Mehrzonenmodell) möglich ist. Dieses Modell wird verwendet, um die Verbrennung in einem Viertakt HCCI-Forschungsmotor zu untersuchen, welcher mit einem Benzin-Ersatzkraftstoff betrieben wird [113]. Dazu wird ein detaillierter Reaktionsmechanismus für den verwendeten Benzin-Ersatzkraftstoff entwickelt, der es ermöglicht, numerische Untersuchungen mit detaillierter Kinetik durchzuführen. In Kombination mit CFD-Ergebnissen [57] zur Gemischzusammensetzung werden Mehrzonenuntersuchungen zu drei unterschiedlichen Einspritzstrategien in einem Viertakt HCCI-Forschungsmotor durchgeführt. Des Weiteren werden experimentelle Untersuchungen an einem optisch zugänglichen Zweitakt HCCI-Forschungsmotor durchgeführt. Ziel der laserspektroskopischen Untersuchungen am Forschungsmotor ist es, im stationären Motorbetrieb ohne Selbstzündung Aussagen über die Gemischbildung und die Gemischhomogenität im Brennraum treffen zu können. Aufbauend auf diesen Ergebnissen soll mit Hilfe des Mehrzonenmodells der Motorbetrieb mit Selbstzündung beschrieben werden. Informationen über die Gemischverteilung werden aus den optischen Untersuchungen erhalten, welche direkt in das Mehrzonenmodell eingehen.

Im Folgenden wird dazu zunächst ein kurzer Überblick der bisherigen Untersuchungen zur HCCI-Verbrennung gegeben. Anschließend werden die physikalischen und chemischen Grundlagen des Verbrennungsprozesses mehrerer homogener Reaktoren sowie die numerischen Aspekte der Modellierung und Simulation dieser Prozesse erläutert. Dazu wird auch auf die zur Simulation notwendige Entwicklung eines detaillierten Reaktionsmechanismus eingegangen. Des Weiteren wird der Aufbau des zur Bestimmung der Brennrauminformationen verwendeten Zweitakt HCCI-Forschungsmotors vorgestellt und auf die laserspektroskopischen Grundlagen eingegangen. Abschließend werden die Resultate des Simulationstools validiert und die Ergebnisse den Experimenten gegenübergestellt. Für den Zweitakt Forschungsmotor wurde des Weiteren in einer Parameterstudie der Einfluss von Mittelwert und Standardabweichung der Abgasrate untersucht sowie die Möglichkeit, über eine Parameteruntersuchung verschiedener Äquivalenzverhältnisse und Oktanzahlen geeignete Betriebspunkte zu bestimmen.

Kapitel 2

Homogeneous Charge Compression Ignition (HCCI)

Für heutige und zukünftige Motorkonzepte rückt, neben der Reduzierung des Kraftstoffverbrauches und der Steigerung des thermodynamischen Wirkungsgrades, die Reduzierung der bei der innermotorischen Verbrennung entstehenden Schadstoffemissionen immer stärker in den Fokus des Interesses [67]. Die zukünftigen Abgasvorschriften und Umweltgesetze (Euro 5, ULEV II, SULEV, … [91, 93]) werden mit aktuellen Verbrennungsmotoren nur mit hohem technischen Aufwand in der Abgasnachbehandlung zu erreichen sein. Daher wird zusätzlich zu den konventionellen Motorenkonzepten wie Ottomotor und Dieselmotor, welche eine aufwendige Abgasnachbehandlung benötigen, an effizienten und preiswerten Alternativen geforscht. Ein vielversprechendes Konzept stellt dabei die kompressionsgezündete Verbrennung dar, die im Folgenden als *„Homogeneous Charge Compression Ignition"* (HCCI) bezeichnet wird.

Die Phänomene, welche der HCCI-Verbrennung zugrundeliegen, sind denen des Klopfens bei Ottomotoren sehr ähnlich. Die klopfende Verbrennung ist allerdings bei Ottomotoren eine unerwünschte Nebenerscheinung, bei der es zusätzlich zur eigentlichen Fremdzündung durch die Zündkerze zu einer Selbstzündung des unverbrannten Gemisches (dem sogenannten Endgas), welches zu diesem Zeitpunkt noch vor der regulären Flammenfront liegt, kommt [59]. Dabei sind wie bei der homogenen Verbrennung die Endgastemperatur, der Brennraumdruck und die zeitliche Entwicklung dieser beiden Parameter die den Prozess bestimmenden Größen [145]. Beim Klopfen kommt es zu einer sehr schnellen Wärmefreisetzung mit sehr hohen lokalen Drücken. Daraus resultieren Druckwellen, welche durch Reflektion an den Zylinderwänden zu starken Druckschwingungen führen und schwere Motorschäden verursachen können [10]. Selbst bei weniger heftigem Klopfen, wie es bei niedrigen Lasten auftritt, wird das Geräusch im allgemeinen immer noch als inakzeptabler Lärm beim Fahren empfunden.

Die HCCI-Verbrennung beruht auf der durch die Kompression des Kolbens eingeleiteten Selbstzündung eines vorgemischten homogenen Kraftstoff/Luft-Gemisches, wobei ein mageres Gemisch mit einer geringen Kraftstoffkonzentration eingesetzt wird. Das gesamte Gemisch brennt dann fast simultan ab, da die Verbrennung nicht wie bei Dieselmotoren durch Mischungsprozesse begrenzt wird. Aus ihren Beobachtungen entwickelten Onishi et al. [101] eine Modellvorstellung der HCCI-Verbrennung, welche in Abbildung 2.1 im Vergleich zur konventionellen fremdgezündeten Verbrennung dargestellt ist.

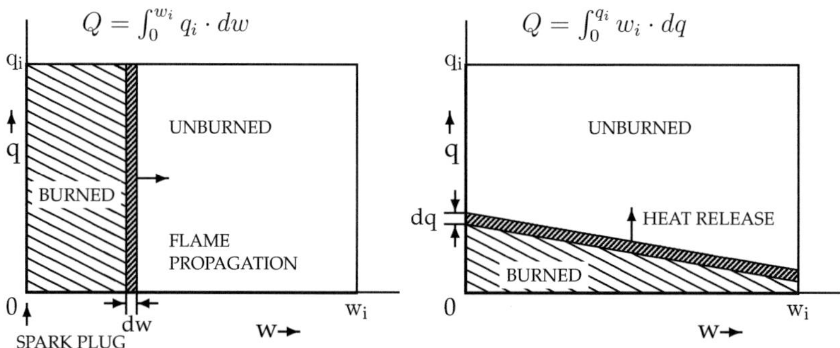

Abbildung 2.1: Idealisiertes Modell von ottomotorischer Verbrennung (links) und HCCI-Verbrennung (rechts) [101].

Bei der Fremdzündung breitet sich eine Flammenfront initiiert von der Zündkerze Schritt für Schritt im Brennraum aus und setzt dabei die Masse w im Zylinder um (Integration über Masseninkrement dw). Bei der homogenen kompressionsgezündeten Verbrennung wird die gesamte Zylinderladung beinahe gleichzeitig umgesetzt, wobei im Vergleich zur Flammenfrontverbrennung die Wärmefreisetzung q zeitlich gedehnt abläuft (Integration über differentiellen Wärmeanteil dq). Dies ist durch die Neigung der Reaktionszone im Diagramm angedeutet.

Obwohl die Verbrennung eines einzelnen Masseninkrements bei der HCCI-Verbrennung langsamer abläuft, nimmt die Verbrennungsgeschwindigkeit der gesamten Zylinderladung aufgrund der gleichzeitigen Verbrennung (mit unterschiedlichem Fortschritt der Reaktion in den einzelnen Masseninkrementen) global gesehen zu. Dies führt zu einer sehr schnellen Verbrennung [96] mit hohen Spitzendrücken und steilen zeitlichen Druckanstiegen, ähnlich dem Klopfen bei Ottomotoren. Durch die Verwendung von mageren Kraftstoff/Luft-Gemischen und/oder der Verdünnung des Gemisches mit Restgas können jedoch niedrigere zeitliche Druckgradienten erreicht werden, als dies beim Klopfen der Fall ist [8]. Die schnelle Verbrennung ermöglicht die nahezu komplette Wärmefreisetzung nahe dem oberen Totpunkt, womit beinahe ein idealer

Gleichraumprozess erreicht werden kann. Dies bietet in der Teillast Wirkungsgradvorteile des HCCI-Betriebs im Vergleich zu Brennverfahren mit nur geringem Gleichraumanteil [8, 26]. Vergleiche mit dieselmotorischen bzw. ottomotorischen Prozessen zeigten für den HCCI-Prozess einen niedrigeren Kraftstoffverbrauch und geringere NO_x-Emissionen [8, 26]. Die für Dieselmotoren typischen Rußpartikel treten ebenfalls kaum auf [134], jedoch sind die CO-Emissionen stark von dem verwendeten Äquivalenzverhältnis abhängig. Eine Reduzierung der CO-Emissionen ist mit dem HCCI-Verfahren aber möglich. So zeigten Untersuchungen, dass in der Nähe der fetten Grenze und mit vorgeheizter Ansaugluft nur geringe Mengen an CO gebildet werden [25]. Im Vergleich zu Ottomotoren sind die erzeugten HC-Emissionen jedoch höher [25, 26]. Numerische Studien [102] zeigen, dass für Dieselkraftstoffe bei entsprechender Temperatur und entsprechendem Äquivalenzverhältnis eine gleichzeitige Reduzierung aller Schadstoffe zu erreichen ist. Die Untersuchungen wurden mit einem dreidimensionalen CFD-Code durchgeführt, welcher mit verschiedenen physikalischen und chemischen Modellen erweitert wurde, damit die Schadstoffentstehung modelliert werden konnte. In einem Temperaturbereich von 1600 K bis 1800 K und unter mageren Bedingungen kam es zu geringen CO-, HC- und NO-Emissionen bei gleichzeitig vernachlässigbarer Rußbildung. Durch die Wahl unterschiedlicher Kraftstoffe und geeigneter Einspritzstrategien können die Emissionen ebenfalls reduziert werden. Wobei die Verwendung eines speziellen Kraftstoffes für das HCCI-Verfahren grundsätzlich nicht notwendig ist, es besteht vielmehr die Möglichkeit, verschiedenste gasförmige und flüssige Kraftstoffe einzusetzen [1, 26, 38, 40, 46, 48, 62, 63, 97, 111, 133, 152, 154].

Die folgenden Abschnitte liefern einen Überblick über den Stand der Forschung. Dabei wird die praktische Umsetzung der HCCI-Verbrennung für Zweitaktmotoren und Viertaktmotoren getrennt voneinander betrachtet. Vor allem in den ersten Jahren der HCCI-Forschung entstanden viele unterschiedliche Bezeichnungen für dieses Brennverfahren, diese werden im Folgenden ebenfalls erwähnt. Anschließend wird auf die chemisch-physikalischen Grundlagen der Selbstzündung homogener Kraftstoff/Luft-Gemische eingegangen, deren Verständnis für eine erfolgreiche Umsetzung und Weiterentwicklung essentiell ist. Dabei soll auch der Stand der bisherigen theoretischen Untersuchungen der HCCI-Verbrennung aufgezeigt werden.

2.1 HCCI-Verbrennung in Zweitaktmotoren

Der erste Motor, der das HCCI-Prinzip nutzte, wurde in den 50er Jahren des letzten Jahrhunderts als Lohmann-Motor bekannt [118]. Dieser Motor arbeitete nach dem Zweitakt-Verfahren und diente als Fahrradhilfsmotor, bei dem über eine manuelle Verstellung des Verdichtungsverhältnisses Selbstzündung erreicht wurde und somit auf eine Zündkerze verzichtet werden konnte. Die ersten grundlegenden Untersuchungen zur Selbstzündung von Ottokraftstoffen in Zweitaktmotoren wurden Ende der 70er Jahre des letzten Jahrhunderts in Japan durchgeführt [96, 101].

Onishi et al. [101] bezeichneten dieses Verfahren als *„Activated Thermo-Atmosphere Combustion"* (ATAC). Die durchgeführten experimentellen Untersuchungen nutzten den Vorteil der hohen Restgaskonzentration des verwendeten Zweitaktmotors aus. Daraus resultiert die für die Selbstzündung des Frischgases erforderliche thermische Energie. Mit Hochgeschwindigkeits-Schlierenaufnahmen konnte festgestellt werden, dass es im Vergleich zu konventionellen Ottomotoren keine Flammenausbreitung gibt, sondern die Verbrennung an vielen Stellen im Brennraum fast simultan einsetzt. Im Vergleich zum fremdgezündeten Betrieb zeigten sich nur geringe Zyklusschwankungen und keine Fehlzündungen im leerlaufnahen Betriebsbereich. Onishi et al. entwickelten aus diesem konzeptionellen Unterschied eine vereinfachte Modellvorstellung, welche in Abbildung 2.1 dargestellt ist und im vorangegangenen Abschnitt detailliert beschrieben wurde. Durch seine positiven Verbrauchseigenschaften und sowohl geringen HC- als auch geringen CO- und NO_x- Emissionen wurde das Konzept in einem stationären Zweitaktmotor als Antrieb für ein mobiles Stromaggregat verwirklicht.

Noguchi et al. [96] bezeichneten dieses Brennverfahren als *„Toyota-Soken (TS)-Combustion"*. Zur Realisierung der Selbstzündung verwendeten sie einen Zweitaktforschungsmotor mit Gegenkolbenanordnung und ebenfalls erhöhtem Restgasanteil. Dabei stellten sie deutlich niedrigere HC-Emissionen und Verbrauchsvorteile gegenüber einem Fremdzündungsbetrieb fest. Hochgeschwindigkeitsaufnahmen der Verbrennung zeigten, dass die Zündung im Brennraumzentrum einsetzte und nicht an heißen Bauteilen. Vor der Verbrennung stellten Noguchi et al., im Gegensatz zur ottomotorischen Verbrennung, bei welcher die Radikale gleichzeitig auftraten, einen charakteristischen zeitlichen Versatz einzelner Radikale fest. Noguchi et al. wiesen, im Gegensatz zu Onishi et al., auf die deutlich kürzere Brenndauer dieses Verfahrens hin, die sich auch im schnellen Abklingen der Radikalkonzentrationen zeigte. Des Weiteren stellten sie fest, dass die Verbrennung im Vergleich zu Dieselmotoren bei niedrigeren Drücken und Temperaturen einsetzt.

Weitere Untersuchungen an Zweitaktmotoren bei instationärem Motorbetrieb wurden von Ishibashi et al. [65] durchgeführt. Dabei wurde dieses Verfahren als *„Activated Radical Combustion"* (ARC) bezeichnet. Die Bezeichnung beruht auf der Vermutung, dass Radikale, die im zurückgehaltenen Abgas enthalten sind, die Selbstzündung des Frischgases ermöglichen. ARC hat als Brennverfahren Eingang in die Serienproduktion der Zweiradmotorisierung bei Honda gefunden. Im Vergleich zu einem Ottomotor wurden sowohl Verbrauchsvorteile als auch eine Reduzierung von CO-, HC- und NO_x-Emissionen festgestellt. Der mögliche Betriebsbereich konnte zusätzlich in den Bereich niedriger Drehzahlen und Lasten erweitert werden. Im unteren Lastbereich konnte der Motor bis zu einer Drehzahl von $8000 \, \text{min}^{-1}$ im ARC-Verfahren betrieben werden. Nur bei Volllast und im oberen Lastbereich wurde der Motor als konventioneller fremdgezündeter Ottomotor betrieben, mit deutlich geringerem Restgasanteil.

Gentili et al. [43] untersuchten die ATAC-Verbrennung in einem optisch zugänglichen Zweitaktottomotor. Sie stellten geringe Zyklusschwankungen fest und eine verminderte HC-Emission. Es zeigte sich, dass die hohen Temperaturen und nicht ein positiver Einfluss von Radikalen der entscheidende Effekt für die ATAC-Verbrennung ist. Dies zeigte sich auch bei Viertaktmotoren [85]. Wie Noguchi et al. stellten Gentili et al. eine kürzere Brenndauer des ATAC-Verfahrens im Vergleich zu einer ottomotorischen Verbrennung fest. Mit steigender Luftzahl verschiebt sich der Zündzeitpunkt nach früh. Das gleiche Verhalten zeigt sich bei Erhöhung des Kompressionsverhältnisses und steigender Drehzahl. Bei einem höheren Kompressionsverhältnis steigt die Endtemperatur der Kompression an und begünstigt dadurch die Selbstzündung. Mit steigender Drehzahl nimmt die Zeit für den Wärmetransport zwischen Brennraumgas und Brennraumwand ab und es werden ebenfalls höhere Temperaturen erreicht. Optische Untersuchungen zeigten, dass keine vollständige Vermischung von Rest- und Frischgas notwendig ist. Selbstzündung tritt vielmehr an mehreren Stellen gleichzeitig auf, deren Position unterscheidet sich aber von Arbeitsspiel zu Arbeitsspiel.

Iida [63] erforschte mit Hilfe spektroskopischer Untersuchungen den Einfluss unterschiedlicher Kraftstoffe. Der Betriebsbereich des ATAC-Verfahrens konnte dabei mit verschiedenen Kraftstoffen deutlich erweitert werden. Mit Methanol, Ethanol und DME konnte ein ATAC-Betrieb auch für kleine Äquivalenzverhältnisse erreicht werden, wobei DME den größten Bereich aufwies. Im Vergleich zu Viertaktmotoren, bei denen zwei Anstiege in der Wärmefreisetzungsrate zu erkennen sind, tritt bei der ATAC-Verbrennung in Zweitaktmotoren nur eine Spitze auf. Es wird vermutet, dass dies an der höheren Abgasrückhalterate und der höheren Brennraumtemperatur liegt. Bei Viertaktmotoren mit hoher Abgasrückhaltung oder mit steigender Gemischeinlasstemperatur tritt ebenfalls nur noch ein Anstieg in der Wärmefreisetzungsrate auf. Lumineszenzuntersuchungen zeigten deutliche Unterschiede zwischen der ATAC-Verbrennung und einer konventionellen SI-Verbrennung, wie sie auch Noguchi et al. beobachteten [96]. OH-Radikale werden bei ATAC vor der eigentlichen Wärmefreisetzung gebildet und spielen eine bedeutende Rolle bei den Einleitungsreaktionen dieses Verfahrens. Mit einsetzender Wärmefreisetzung werden CH-Emissionen beobachtet. Das ATAC-Verfahren produziert nur geringe HC- und NO-Emissionen und weist nur geringe Zyklusschwankungen auf. Die NO_x-Emissionen sind bei der ATAC-Verbrennung nicht so hoch wie bei der SI-Verbrennung, da die Emissionen hauptsächlich von der maximalen Temperatur und der Verweilzeit bei diesen maximalen Temperaturen abhängen.

Die genauen Vorgänge und Abläufe bei der Selbstzündung homogener vorgemischter Kraftstoff/Luft-Mischungen sind noch nicht im Detail geklärt. Iijima et al. [64] untersuchten die Unterschiede zwischen der Selbstzündung in Viertaktmotoren, bezeichnet als HCCI-Verbrennung, und der Selbstzündung in Zweitaktmotoren, der ATAC-Verbrennung. Durch eine Kombination aus Experimenten und numerischen Simulationen untersuchten sie den Einfluss unterschiedlicher Oktanzahlen und des Abgases auf die Selbstzündung. Mit Hilfe der experimentellen und numerischen Untersuchungen stellten Iijima et al. fest, dass die Selbstzündung stark durch die zeitliche Temperatur- und Druckentwicklung im Brennraum beeinflusst wird. Bei Berücksichtigung von vermuteten Radikalen im zurückgehaltenem Abgas in der numerischen Simulation des ATAC-Motors zeigte sich ein Verhalten wie bei kalten Flammen und ein beschleunigtes Einsetzen der Selbstzündung. Dieses kalte Flammenverhalten ist jedoch deutlich geringer ausgeprägt als bei der HCCI-Verbrennung. Mit steigenden Abgasrückführungsraten (*exhaust gas recirculation* (EGR)) tritt kein Motorklopfen mehr auf und für die Kraftstoffe mit unterschiedlichen Oktanzahlen verringern sich die Abweichungen der einzelnen Zündzeitpunkte. Durch das Rückhalten von Abgas konnte ein HCCI-Betrieb auch bei mageren Bedingungen und hohen Drehzahlen erreicht werden, wie dies auch beim ATAC-Betrieb möglich ist. Bei steigender EGR-Rate verschiebt sich der Zündzeitpunkt allerdings nach spät und es kann bei zu hohen Raten zu einer unvollständigen Reaktion mit Zündaussetzern kommen. Bei HCCI-Bedingungen ist die Zündung stark von der Oktanzahl beeinflusst, da die zur Zündung relevante Niedertemperaturkinetik vom verwendeten Kraftstoff abhängt. Hohe Oktanzahlen können daher zu Zündaussetzern führen. Da die Zündung bei ATAC-Betrieb nicht durch die Niedertemperaturkinetik dominiert wird, können bei dem ATAC-Verfahren unterschiedlichste Oktanzahlen eingesetzt werden. Maiwald [81] führte an einem zu dieser Arbeit baugleichen Zweitaktmotor experimentelle und numerische Untersuchungen zur homogenen Selbstzündung durch. Mittels Formaldehyd-LIF stellte er bei einem homogenen Kraftstoff/Luft-Gemisch Temperaturfluktuationen kurz vor Einsetzen der Zündung im Brennraum fest. Mittels numerischen Simulationen konnte er zeigen, dass es zu keiner Selbstzündung kommt, die, wie beim Motorklopfen typisch, durch Druckstörungen initiiert wird. Es liegt vielmehr eine sequentielle Selbstzündung verschiedener unverbrannter Gasbereiche vor, die entsprechend ihrer lokalen Zündverzugszeit zeitlich versetzt reagieren. In erster Näherung konnten dabei die experimentellen Zylinderdruckverläufe mittels einem Ensemble homogener, voneinander unabängiger chemischer Reaktoren modelliert werden.

2.2 HCCI-Verbrennung in Viertaktmotoren

Neben den Untersuchungen an Zweitaktmotoren gibt es seit Beginn der 80er Jahre umfangreiche Ansätze, das Prinzip der homogenen kompressionsgezündeten Verbrennung auf Viertaktmotoren zu übertragen.

Ein grundlegendes Verständnis des HCCI-Verfahrens stand im Mittelpunkt der Untersuchungen von Najt und Foster [85]. Sie bezeichneten dabei dieses Verfahren als *„Compression-Ignited Homogeneous Charge"* (CIHC). Aufbauend auf den oben beschriebenen Ergebnissen an Zweitaktmotoren versuchten sie im Viertaktmotor vergleichbare Betriebsbedingungen in Bezug auf Restgasanteil und Temperatur zu erreichen. Die durchgeführten Parameterstudien umfassten Untersuchungen zur EGR-Rate, Äquivalenzverhältnis, Verdichtungsverhältnis und Kraftstoffzusammensetzung. Die verwendeten Referenzkraftstoffe (Mischungen aus n-Heptan, iso-Oktan und iso-Propylbenzen) repräsentieren dabei unterschiedliche Oktanzahlen. Aufgrund der niedrigen Oktanzahlen der verwendeten Kraftstoffe wird das Verdichtungsverhältnis durch Klopfen begrenzt. Es zeigte sich, dass mit steigender Drehzahl den ablaufenden Reaktionen weniger Zeit zur Verfügung steht und daher eine höhere Einlasstemperatur des Gemisches für einen stabilen Motorbetrieb benötigt wird. Eine Temperaturerhöhung durch die Zumischung von Abgas bewirkt ein früheres Einsetzen der Zündung. Wohingegen ein Einfluss „aktiver" Spezies wie Ishibashi et al. [65] vermuteten, nicht nachgewiesen werden konnte. Parallel zu den experimentellen Untersuchungen nutzen Najt und Foster ein numerisches Modell, das sogenannte Shell-Modell [53], zur Beschreibung der Selbstzündung in dem verwendeten Motor. In ihren Untersuchungen stellten sie fest, dass der Zündprozess durch Niedertemperaturkinetik (T < 900 K) beeinflusst wird und dieser mit dem Modell gut vorhergesagt werden konnte. Die anschließende Wärmefreisetzung wird durch Hochtemperaturkinetik (T > 1000 K) bestimmt, die mit Hilfe eines empirischen Ansatzes ebenfalls gut vorhergesagt werden konnte.

Thring [136] nannte das Brennverfahren zum ersten Mal *„Homogeneous Charge Compression Ignition"* (HCCI). Der Motor mit variablem Verdichtungsverhältnis wurde mit Benzin und Dieselkraftstoff betrieben. Die Untersuchungen zeigten bei HCCI-Betriebspunkten nur geringe Zyklusschwankungen. Allerdings kam es bei hohen Drehzahlen zu Zündaussetzern, vermutlich aufgrund des zu kurzen Zeitraums für die zur Selbstzündung nötigen chemischen und physikalischen Vorgänge. Der Motor konnte mit unterschiedlichen Äquivalenzverhältnissen betrieben werden, auch mit Gemischen, die bei konventionellen Ottomotoren nicht zünden. Es wurde vermutet, dass die bei Ottomotoren benötigten hohen Zündenergien an der Zündkerze bei der Selbstzündung im HCCI-Betrieb keine Zündgrenze für magere oder EGR-reiche Gemische mehr darstellen. Des Weiteren wird die Flammenausbreitung bei HCCI-Verbrennung nicht wie bei Ottomotoren durch magere oder EGR-reiche Gemische abgebrochen. Es gibt vielmehr viele unabhängige Flammenfronten, die sich ausbreiten. Aufgrund des dennoch eingeschränkten Betriebsbereiches schlug Thring eine kombinierte Umsetzung aus HCCI- im Teillast- und SI-Betrieb im Volllastbereich vor. Seine Untersuchungen bestätigten die bereits bei Zweitaktmotoren festgestellten niedrigen Partikelemissionen sowie einen geringen Kraftstoffverbrauch.

Aoyama et al. [8] nannten dieses Verfahren *„Premixed-Charge Compression Ignition"* (PCCI). Ziel der Untersuchungen war es, ein vorgemischtes mageres Benzin/Luft-Gemisch simultan an mehreren Stellen zur Zündung zu bringen und dadurch einen hohen Wirkungsgrad und niedrige NO_x-Emissionen zu erreichen. Der Motorbetrieb wurde im mageren Bereich durch Fehlzündungen und im fetten Bereich durch klopfähnliche Druckschwingungen beschränkt. Das PCCI-Verfahren zeigte nur geringe NO_x-Emissionen und im Vergleich zum Dieselbetrieb einen geringfügig niedrigeren Kraftstoffverbrauch. Mit Luftvorheizung und Aufladung konnte der Motor mit einem abgemagerten Kraftstoff/Luft-Gemisch betrieben werden. Der Bereich, in dem steile zeitliche Druckanstiege auftraten, verschob sich zu höheren Luftanteilen. Im Vergleich zu otto- und dieselmotorischen Brennverfahren stellten Aoyama et al. bei der kompressionsgezündeten Verbrennung den besten Wirkungsgrad fest.

Stanglmaier und Roberts [130] untersuchten den Einfluss von HCCI für zukünftige Motoranwendungen und deren Vorteile, aber auch die Kompromisse, welche bei der Umsetzung einzugehen sind. Angesichts der Vielzahl unterschiedlicher Ansätze versuchten sie eine Klassifizierung der bisherigen Forschungsergebnisse (siehe Abbildung 2.2). Eine unmittelbare Regelung des Verbrennungsbeginns über einzelne Parameter (z. B. Zündzeitpunkt bei Fremdzündung) ist bei der HCCI-Verbrennung nicht gegeben. Vielmehr wird der Verbrennungsbeginn durch die Selbstzündungseigenschaften des Kraftstoff/Luft-Gemisches beeinflusst. Eine der Haupteinflussgrößen ist dabei die Selbstzündungsneigung des Gemisches. Eine Möglichkeit, dies zu erreichen, ist die Verwendung unterschiedlicher Kraftstoffe [111, 135]. Die zweite Einflussgröße ist die zeitliche Temperaturgeschichte der Mischung. Oftmals ist es aber nicht möglich, den Einfluss eines Parameters einer dieser beiden Größen zuzuordnen, z. B. ändert die EGR-Rate [12, 48] nicht nur die Reaktivität der Mischung, sondern beeinflusst ebenfalls die Temperatur maßgeblich. Bei Prüfstandsexperimenten ist die Luftvorheizung eine verbreitete Methode, die Selbstzündung zu steuern [81, 124, 133]. Unterschiedliche Einspritzstrategien [18, 113, 125] oder die Einspritzung von Wasser [24] können den Reaktionsbeginn verzögern. Aber auch variable Ventilsteuerzeiten oder Verdichtungsverhältnisse [55] wirken sich auf die zeitliche Temperaturgeschichte aus.

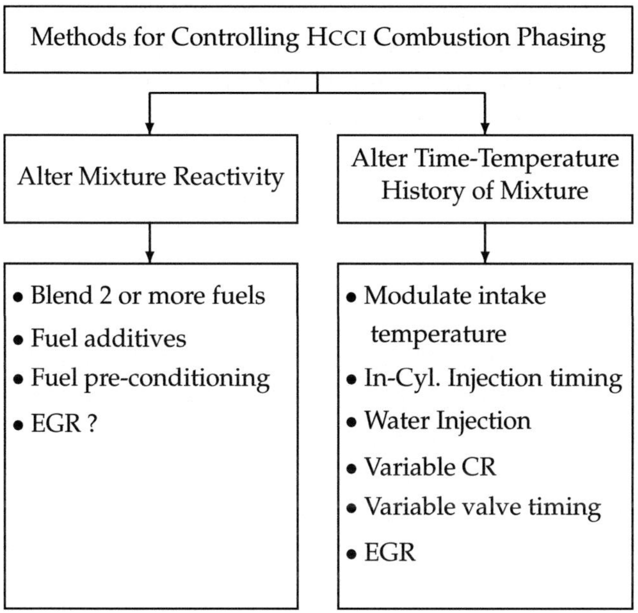

Abbildung 2.2: Methoden der Verbrennungsbeeinflussung bei HCCI-Motoren [130]

Trotz der Herausforderung der Regelung des Verbrennungsbeginns ist das HCCI-Verfahren aufgrund seiner geringen Emissionen eine interessante Alternative zu Diesel- oder Ottomotoren. Ryan et al. [111] stellten bei ihren Untersuchungen mit Dieselkraftstoff eine deutliche Reduzierung der Partikelemissionen fest. Das stimmte mit dem Ergebniss von Gray et al. [48] überein, die ebenfalls eine deutliche Reduzierung der NO_x-Emissionen feststellten. Im Rahmen des von der Europäischen Union geförderten 4-SPACE Projektes („*4-Stroke Powered gasoline Auto-Ignition Controlled combustion Engine*") wurden umfangreiche Untersuchungen zur kompressionsgezündeten Verbrennung von Ottokraftstoffen durchgeführt [72]. Ziel dieses Projektes war die Entwicklung eines für Kraftfahrzeuge tauglichen Viertaktkonzeptes mit magerer homogener, durch die Kompression eingeleiteter Verbrennung, welches ohne Abgasnachbehandlung die Abgasgrenzwerte der EU-Stufe IV bezüglich NO_x erfüllen sollte. Das HCCI-Verfahren war von Anfang an als Teillastverfahren vorgesehen.

Alt et al. [5] konnten die theoretischen Verbrauchsvorteile, die auf dynamischen Prüfständen erreicht wurden, auf einem Rollenprüfstand mit einem Fahrzeug ebenfalls bestätigen. Die Umsetzung des HCCI-Verfahrens in einem breiteren Last- und Drehzahlbereich bleibt die aktuelle Herausforderung der Forschung. Es hat sich gezeigt, dass mit Aufladung [25] der innere Mitteldruck stark gesteigert werden kann, bei gleichzeitiger Abnahme der HC-Emissionen. Ein weiterer Ansatz ist die zündkerzenunterstützte HCCI-Verbrennung. Damit lässt sich der Betriebsbereich zu hohen Lasten hin erweitern [103,104,113].

Neben Stanglmaier und Roberts [130] gibt es weitere Veröffentlichungen, die einen Überblick über die bisherigen Arbeiten einzelner Forschungseinrichtungen liefern [2,34,66] und das Potenzial des HCCI-Verfahrens darstellen [51,87].

2.3 Grundlagen und numerische Untersuchungen zur Selbstzündung

Die Oxidation von Kohlenwasserstoffen wird durch unterschiedliche physikalische und chemische Größen beeinflusst. Einen Vergleich wichtiger physikalischer und chemischer Zeitskalen bei Verbrennungsprozessen zeigt Abbildung 2.3 mit charakteristischen Zündverzugszeiten und Zeitskalen, wie sie bei Vorgängen in Motoren auftreten. Diese Größen besitzen eine große Bandbreite an Zeitskalen, wobei die chemischen Zeitskalen zum einen in Sekundenbruchteilen, andererseits aber auch in Stunden ablaufen können [108].

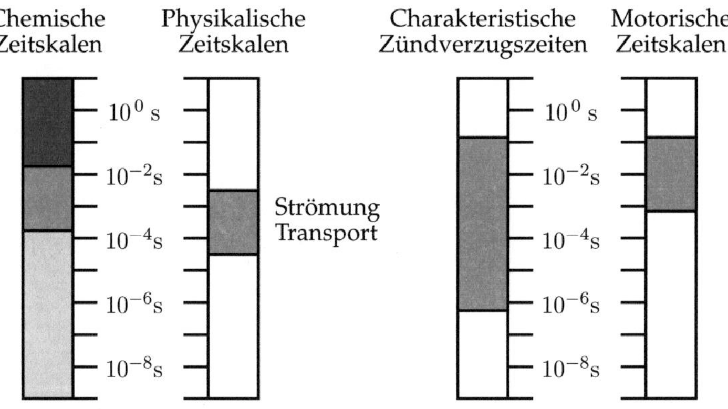

Abbildung 2.3: Typische physikalische und chemische Zeitskalen

Maiwald stellte fest, dass einzelne physikalische Prozesse wie Diffusion und Wärmeleitung für magere Gemischbedingungen und entsprechende Temperaturfluktuationen, wie sie bei der homogenen kompressionsgezündeten Verbrennung auftreten können, aufgrund ihrer langsamen Zeitskalen für die HCCI-Verbrennungsprozesse zu vernachlässigen sind [81]. Die für die Zündvorgänge geschwindigkeitsbestimmenden Teilprozesse liefert die chemische Kinetik. Bei der Zündung von Kraftstoff/Luft-Gemischen lässt sich die thermische Explosion und die Radikalkettenexplosion unterscheiden. Bei der thermischen Explosion, bei der aufgrund eines Zündfunkens lokal sehr hohe Temperaturen erreicht werden und praktisch keine Verzögerung messbar ist, bildet sich direkt eine Flammenfront aus [74]. Im Gegensatz dazu tritt bei der Radikalkettenexplosion eine sogenannte Zündverzugszeit (oder Induktionszeit) auf, eine Temperaturerhöhung ist erst nach einer messbaren Zeit feststellbar. Dieses Phänomen ist charakteristisch für Radikalkettenexplosionen. Die zur Oxidation notwendigen Ketteneinleitungs- , Kettenfortpflanzungs-, Kettenverzweigungs- sowie Kettenabbruchsreaktionen bilden die Grundlage der Selbstzündung von höheren Kohlenwasserstoffen [145]. Die dabei wesentlichen Abläufe zeigen starke Temperatur- und Druckabhängigkeiten. Die chemischen Reaktionspfade der Verbrennung sind stark vom thermischen Zustand beeinflusst. Die Geschwindigkeit einer einzelnen chemischen Reaktion ergibt sich aus dem Geschwindigkeitskoeffizienten, den an der Reaktion beteiligten Spezies und deren Reaktionsordnung. Die Temperaturabhängigkeit des Geschwindigkeitskoeffizienten kann dabei durch eine Arrheniusgleichung beschrieben werden (siehe Abschnitt 4.2).

Die Selbstzündung von höheren Kohlenwasserstoffen kann aufgrund der unterschiedlichen Reaktionskinetik in zwei Temperaturbereiche unterteilt werden. Die bei der Selbstzündung in Motoren auftretenden unterschiedlichen Wärmefreisetzungsraten lassen sich mit den in diesen Temperaturbereichen ablaufenden Prozessen erklären [61,153].

Ein Bereich beschreibt die Selbstzündung bei hohen ($T > 1200$ K) und mittleren (850 K $< T < 1200$ K) Temperaturen. Durch den Angriff von $H\bullet$-, $O\bullet$-, $HO_2\bullet$- und $OH\bullet$-Radikalen bildet sich aus dem ursprünglichen Kraftstoffmolekül (RH) nach einer H-Atom Abstraktion ein Alkylradikal ($R\bullet$). Das Alkylradikal wird nicht oxidiert, sondern über den deutlich schnelleren β-Zerfall unter Bildung von Alkenen zu immer kleineren Alkylradikalen abgebaut. Der weitere Oxidationsprozess der letztendlich verbleibenden nicht mehr zerfallenden Alkylradikale $CH_3\bullet$ und $C_2H_5\bullet$ verläuft in diesem Temperaturbereich deutlich langsamer ab als die β-Zerfallsreaktionen [144].

Bei hohen Temperaturen ($T > 1200$ K) ist der Prozess durch die dominierende Kettenverzweigung

$$H\bullet + O_2 \quad \rightarrow \quad O\bullet + OH\bullet \tag{2.1}$$

gekennzeichnet. Bei mittleren Temperaturen (850 K $< T < 1200$ K) ist die Reaktion 2.1 aufgrund der benötigten hohen Aktivierungsenergie zu langsam, um ausreichend Radikale zur Zündung zu produzieren. In diesem Temperaturbereich dominiert ein anderer Reaktionspfad mit folgenden Schlüsselreaktionen

$$H\bullet + O_2 + M \quad \rightarrow \quad HO_2\bullet + M \tag{2.2}$$

$$HO_2\bullet + RH \quad \rightarrow \quad H_2O_2 + R\bullet \tag{2.3}$$

$$H_2O_2 + M \quad \rightarrow \quad 2\,OH\bullet \,+\, M \quad . \tag{2.4}$$

Die Selbstzündung verläuft im Bereich hoher und mittlerer Temperaturen einstufig, es kommt zu keinem Abbruch der Kettenverzweigungsschritte und der Temperaturverlauf bei der Zündung steigt kontinuierlich an (siehe Abbildung 2.4).

Bei niedrigen Temperaturen (T < 850 K) wird der Reaktionsweg über den β-Zerfall aufgrund der hohen Aktivierungsenergien sehr langsam. Stattdessen verläuft der Oxidationsvorgang bei diesen Temperaturen über degenerative Kettenverzweigungsmechanismen, welche kraftstoffspezifisch und damit komplizierter sind. Dies kann zu einer mehrstufigen Zündung bei niedrigen Temperaturen (sogenannte kalte Flamme) führen (zweistufige Zündung in Abbildung 2.4) [50,145]. Nach anfänglicher H-Atom Abstraktion reagiert das gebildete Alkylradikal sehr schnell mit Sauerstoff zu einem Alkylperoxyradikal,

$$R\bullet \,+\, O_2 \,+\, M \quad \rightleftarrows \quad RO_2\bullet \,+\, M \quad . \tag{2.5}$$

Anschliessend kommt es zu einer weiteren H-Atom Abstraktion, wobei zwei Reaktionspfade möglich sind. Zum einen die langsame externe H-Atom Abstraktion,

$$RO_2\bullet \,+\, RH \quad \rightarrow \quad ROOH \,+\, R\bullet \tag{2.6}$$
$$ROOH \quad \rightarrow \quad RO\bullet \,+\, OH\bullet \quad . \tag{2.7}$$

Bei dieser abstrahiert das Alkylperoxyradikal ($RO_2\bullet$) ein weiteres Wasserstoffatom und es bildet sich ein Alkylperoxid (ROOH) und Alkylradikal. In einer anschliessenden Kettenverzweigung entsteht dann ein Alkoxyradikal (RO$\bullet$) und ein Hydroxylradikal. Der schnellere Reaktionspfad verläuft über eine interne H-Atom Abstraktion,

$$RO_2\bullet \quad \rightarrow \quad R'OOH\bullet \tag{2.8}$$
$$R'OOH\bullet \quad \rightarrow \quad R' \,+\, HO_2\bullet \tag{2.9}$$
$$R'OOH\bullet \quad \rightarrow \quad R'O \,+\, OH\bullet \tag{2.10}$$
$$R'OOH\bullet \,+\, O_2 \quad \rightleftarrows \quad O_2R'OOH\bullet \quad . \tag{2.11}$$

Das Produkt dieser Isomerisierung ist ein Alkylradikalperoxid (R'OOH$\bullet$). Durch Kettenfortpflanzung bildet sich entweder ein Alken (R') und ein Hydroperoxyradikal oder Alkoxyradikal (R'O) und Hydroxylradikal. Nach einer zweiten O_2-Addition entsteht ein Hydroperoxy Alkylperoxyradikal (O_2R'OOH$\bullet$), welches wiederum isomerisiert wird und anschließend in ein Alkylperoxid und ein Hydroxylradikal zerfällt. Bei Temperaturen um die 800 K zerfällt das thermodynamisch relativ stabile Alkylperoxid unter Bildung von mindestens zwei Radikalen, welche im Anschluss oxidiert werden [31,148]. Die Bildung von zwei Radikalen aus einem Hydroperoxid ist verantwortlich

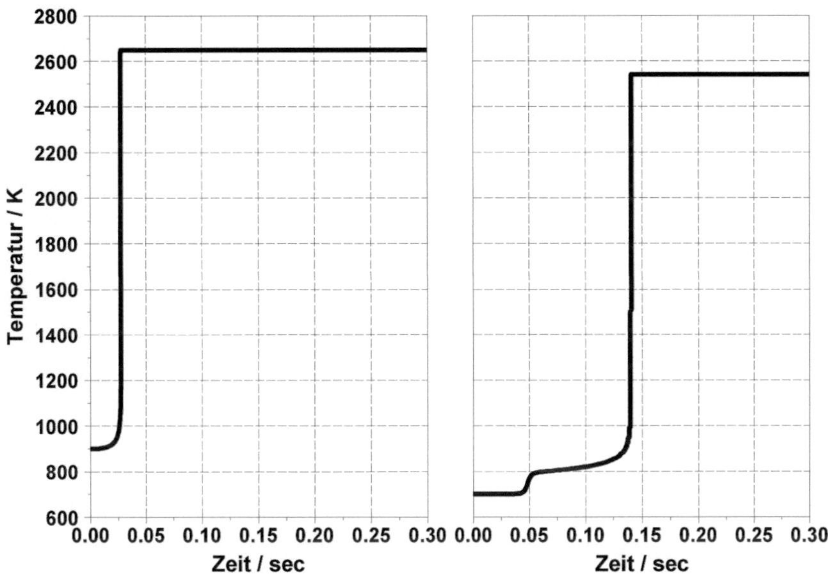

Abbildung 2.4: Zeitliche Entwicklung der Gastemperatur bei einer einstufigen Zündung (T_{Start} = 900 K, links) und bei einer zweistufigen Zündung (T_{Start} = 700 K, rechts) (iso-Oktan, p=8 bar, λ = 1).

für den Kettenverzweigungsprozess bei niedrigen Temperaturen. Für die meisten Alkane ist nach der anfänglichen H-Abstraktion die erste O_2-Addition zum Alkylperoxid die geschwindigkeitsbestimmende Reaktion der Niedertemperaturoxidation [30, 148]. Eine ausführliche Beschreibung zur Oxidation von Kohlenwasserstoffen findet sich in [22, 50, 108, 145, 148]. Die Niedertemperaturoxidation wird stark durch die Struktur des verwendeten Kraftstoffes beeinflusst und bestimmt den Zündzeitpunkt bei der HCCI-Verbrennung maßgeblich mit.

Die Wärmefreisetzung von ablaufenden Reaktionen verursacht eine Temperaturerhöhung und/oder eine Drucksteigerung. Dies verschiebt das chemische Reaktionsgleichgewicht der exothermen Peroxidbildungsreaktion (Reaktion 2.5) auf die linke Seite (Prinzip von Le Chatelier) und führt zum Kettenabbruch. Auf diese Weise wird die sofortige Zündung verhindert. Diese mit steigender Temperatur einhergehende Verlagerung des chemischen Gleichgewichts entzieht den folgenden Kettenverzweigungsschritten die Grundlage und verlangsamt dadurch die Gesamtreaktion. Das Resultat ist eine längere Zündverzugszeit trotz steigender Temperatur. Der Temperaturbereich, in welchem diese Prozesse maßgeblich sind, wird als NTC-Bereich (*„Negative Temperature Coefficient"*) bezeichnet. Eine Steigerung des Drucks bewirkt infolge des Massenwirkungsgesetzes eine Verschiebung des chemischen Gleichgewichtes nach rechts auf die Seite des Peroxids und sorgt so für kürzere Zündverzugszeiten [50,108,145]. Eine detaillierte Beschreibung der reaktionskinetischen Grundlagen findet sich in Kapitel 4.

Es gibt grundsätzliche Unterschiede zwischen der HCCI-Verbrennung und konventionellen Brennverfahren wie ottomotorischer oder dieselmotorischer Verbrennung. Zur numerischen Beschreibung der HCCI-Verbrennung benötigt man daher auch andere Modellansätze als bei den konventionellen Verfahren.

Experimentelle Untersuchungen [85, 101] führten zu der Vermutung, dass die HCCI-Verbrennung hauptsächlich durch die chemische Kinetik bestimmt wird und die Mischungsprozesse von verbranntem und unverbranntem Gemisch während der Verbrennung zu vernachlässigen sind. Jedoch sind die Mischungsprozesse vor Beginn der Verbrennung relevant für die Geschichte des Gemisches und der Zündung und somit nicht zu vernachlässigen. Numerische Untersuchungen wurden daher mit Einzonen- oder Mehrzonenmodellen durchgeführt, welche die chemische Kinetik detailliert berücksichtigen und Mischungsprozesse, im Fall der Mehrzonenmodelle, in vereinfachter Form berücksichtigen. Mit Hilfe von Einzonenmodellen lassen sich Parameteruntersuchungen durchführen, welche qualitativ für einzelne Größen, wie z. B. den Zündzeitpunkt, ein den experimentellen Untersuchungen entsprechendes Verhalten aufweisen. Allerdings werden andere Größen, wie die Wärmefreisetzungsraten oder die Bildung einzelner Abgaskomponenten, aufgrund der angenommenen Homogenität nur schlecht wiedergegeben [35,38,42].

Ein Modell, welches die Inhomogenitäten in der Temperaturverteilung berücksichtigt, ist das Modell von Aceves et al. [3]. Bei diesem Modell wurde ein dreidimensionaler Strömungscode mit einem eindimensionalen Flammenausbreitungscode gekoppelt, um einen Motorprozess nachzubilden. Die Druck- und Temperaturgeschichte für das Chemiemodell, z. B. ein eindimensionales Flammenausbreitungsmodell, werden aus dem Strömungscode übergeben. Die Druckverläufe und die Brenndauer werden von Mehrzonenmodellen gut wiedergegeben [95, 99, 126]. Einige Modelle berücksichtigen auch den Wandwärmeverlust mit einem Modell nach Woschni [151]. Obwohl dieses Modell nicht für HCCI-Bedingungen entwickelt wurde, wird es dennoch oft verwendet, um Parameterstudien durchzuführen. Daher wurden speziell für das HCCI-Verfahren neue Wandwärmemodelle entwickelt [20,57]. Ein weiterer Ansatz, Inhomogenitäten in der numerischen Simulation zu berücksichtigen, ermöglichen sogenannte PDF-Ansätze (*„probability density function"*). Dabei werden Wahrscheinlichkeitsverteilungen der einzelnen zu untersuchenden Parameter berücksichtigt [13,14].

Eine wachsende Anzahl von numerischen Arbeiten beschäftigt sich mit den Abläufen bei der HCCI-Verbrennung, ohne den Anspruch, dabei einen Motorprozess darzustellen, sondern vielmehr mit dem Ziel, die grundlegenden Phänomene dieses Brennverfahrens zu verstehen [21, 28, 56].

Kapitel 3

Numerische Simulation

Die numerische Simulation von Verbrennungsprozessen, wie z. B. die Umsetzung und Verbrennung von Kraftstoffen in Verbrennungsmotoren, spielt bei der heutigen Entwicklung und Verbesserung von modernen Verbrennungssystemen eine entscheidende Rolle. Ziel dieser numerischen Untersuchung muss sein, möglichst alle physikalischen und chemischen Prozesse abzubilden bei gleichzeitig möglichst geringem zeitlichen Rechenaufwand. Eine direkte numerische Simulation (DNS) [145], die sowohl die physikalischen als auch die chemischen Prozesse detailliert berücksichtigt, bietet zwar die beste Möglichkeit, einen Prozess numerisch darzustellen, benötigt allerdings zur Zeit noch einen hohen Rechenzeitaufwand.

Daher gibt es verschiedene Ansätze, um die unterschiedlichen Prozesse mit reduzierten Modellen darzustellen und dadurch Rechenzeit einzusparen. Die Wahl des jeweiligen Modells hängt dabei sehr stark von dem betrachteten System und der zu klärenden Fragestellung ab. Bei Verbrennungsprozessen, die stark durch die Turbulenz und den Transport dominiert werden, verwendet man heutzutage in den Strömungssimulationstools (STAR-CD, KIVA, ...) Modelle, welche die Strömungs- und Transportphänomene durch verschiedene Modelle berücksichtigen. Die chemische Kinetik kann dabei durch reduzierte Modelle, Mehrschrittreaktionen [53], Flamelet-Modelle [28, 105], tabellierte Fortschrittvariablen [58, 147] oder ILDM [78, 79] berücksichtigt werden.

Abgesehen von den durch Turbulenz dominierten Systemen gibt es aber auch Systeme, bei denen die Turbulenz eine nur untergeordnete Rolle spielt und die durch chemische Vorgänge dominiert werden. Zur Untersuchung solcher Systeme benötigt man Modelle, in denen die chemische Kinetik detailliert berücksichtigt wird. In diesen Fällen werden Modelle verwendet, die durch Symmetrien des Simulationsgebietes eine Berechnung mit einer reduzierten Anzahl von Raumdimensionen ermöglichen. Neben diesen eindimensionalen und zweidimensionalen Simulationstools können unter Berücksichtigung detaillierter chemischer Kinetik homogene Verbrennungsprozesse mit einem nulldimensionalen Simulationstool abgebildet werden [68, 77, 131, 132]. Die Selbstzündung von homogenen Kraftstoff/Luft-Gemischen in Motoren wird, wie schon erwähnt, hauptsächlich durch die chemische Kinetik beeinflusst [81, 85]. Unter Berücksichtigung detaillierter Reaktionsmechanismen (siehe Kapitel 4) kann ein solches Kraftstoff/Luft-Gemisch durch ein in Bezug auf den Rechenzeitaufwand effizientes nulldimensionales Modell mit mehreren voneinander abhängigen Zonen beschrieben werden (Mehrzonenmodell) [3, 99].

3.1　Nulldimensionale Simulation

In diesem Abschnitt werden die zur Berechnung einer einzelnen Zone verwendeten Erhaltungsgleichungen vorgestellt. Eine ausführliche Herleitung findet sich in [77, 145]. Für ein räumlich homogenes Reaktionssystem erhält man aus den Bilanzgleichungen für Energie, Masse und Impuls unter Vernachlässigung der diffusiven, konduktiven, dissipativen und konvektiven Terme die Erhaltungsgleichungen für ein nulldimensionales Modell, wobei die Kontinuitätsgleichung sich auf eine Bedingung für die zeitliche Konstanz der Gesamtmasse reduziert. Zusätzlich zu diesen Differentialgleichungen wird zur Schließung des Gleichungssystems noch eine thermische Zustandsgleichung benötigt, die den Zusammenhang der Zustandsvariablen p, T und ρ beschreibt. Bei den für Verbrennungsprozesse charakteristischen hohen Temperaturen lässt sich dazu, mit hinreichender Genauigkeit, das ideale Gasgesetz verwenden.

$$\frac{\partial(\rho \cdot V)}{\partial t} = 0 \tag{3.1}$$

$$\frac{\partial w_i}{\partial t} - \frac{M_i \cdot \dot{\omega}_i}{\rho} = 0 \tag{3.2}$$

$$\frac{\partial T}{\partial t} - \frac{1}{\rho \cdot c_p} \cdot \frac{\partial p}{\partial t} + \frac{1}{\rho \cdot c_p} \sum_{i=1}^{N_{Spezies}} h_i \cdot M_i \cdot \dot{\omega}_i = 0 \tag{3.3}$$

$$p - \frac{\rho \cdot R \cdot T}{\overline{M}} = 0 \quad . \tag{3.4}$$

Mit ρ = Dichte, V = Volumen, w_i = Massenbruch der Spezies i, M_i = molare Masse der Spezies i, $\dot{\omega}_i$ = Bildungsgeschwindigkeit der Spezies i, T = Temperatur, c_p = Wärmekapazität der Mischung bei konstantem Druck, p = Druck, h_i = spezifische Enthalpie der Spezies i, R = allgemeine Gaskonstante, $\overline{M}$ = mittlere molare Masse, t = Zeit und $N_{Spezies}$ = Anzahl der Spezies.

Diese Erhaltungsgleichungen werden mit Hilfe des Simulationstools HOMREA (HOMO-gener REAktor) [76,77,80] gelöst. Zur Lösung des erhaltenen differentiell-algebraischen Gleichungssystems ist aufgrund der durch die chemische Kinetik bedingten Steifheit ein implizites Lösungsverfahren erforderlich. Hierzu kann entweder das linear impli-zite Extrapolationsverfahren LIMEX [33] oder das Rückwärtsdifferenzenverfahren DAS-SL [106,107] eingesetzt werden. Einzelheiten über die numerische Implementierung die-ser Verfahren finden sich in [77].

3.2 Mehrzonenmodell

Da die HCCI-Verbrennung hauptsächlich durch die Kinetik beeinflusst wird, wurde in dieser Arbeit ein Mehrzonenmodell entwickelt, welches die Kinetik detailliert darstellen kann. Wie verschiedene Veröffentlichungen zeigen, stimmt die Annahme eines homoge-nen Gemisches in einem HCCI-Motor nicht uneingeschränkt. So gibt es neben Tempe-raturinhomogenitäten auch Gemischinhomogenitäten im Brennraum [81, 95, 113, 126]. Zur Verbesserung des nulldimensionalen Modells wurde das Simulationstool HOMREA mit einem Mehrzonenmodell erweitert, so dass das Programm nun ebenfalls mehrere miteinander interagierende homogene Reaktoren unter Berücksichtigung detaillierter Kinetik simulieren kann (siehe MULZON in Abbildung 3.1). Die Struktur des ursprüng-lichen Simulationstools bleibt dabei erhalten. Die Erweiterung des Simulationstools er-möglicht es, das vorgegebene Gesamtvolumen des Reaktionsraums in mehrere Zonen zu unterteilen und diesen jeweils unterschiedliche Startbedingungen (Temperatur und Gemischzusammensetzung) vorzugeben. Die Zonenanzahl ist frei wählbar, jedoch steigt mit zunehmender Anzahl an Zonen die Rechenzeit und der Speicherbedarf. Mit der Un-terteilung des Brennraums werden z. B. die unterschiedlichen Bedingungen im Rand-und Kernbereich berücksichtigt. Mehrzonenmodelle unterscheiden sich stark in der An-zahl der berücksichtigten Zonen. So gibt es Modelle mit nur 2 Zonen [39], aber auch Modelle mit bis zu 30 Zonen [95], wobei sich mit jeder weiteren Zone die Rechenzeit erhöht. Die Anzahl der Zonen ist um ein Vielfaches kleiner als die Zellenanzahl bei CFD-Modellen. Eine größere Anzahl an Zonen spiegelt die Realität besser wider [98], wobei Aceves et al. [3] nur geringe Unterschiede zwischen den Ergebnissen mit 10 und 20 Zonen feststellen konnten. Durch die Berücksichtigung von Inhomogenitäten bei der Initialisierung der einzelnen Zonen ergibt sich ein quasi-dimensionales Modell [99]. Die Modelle unterscheiden sich auch in der Art der Zonen (Randzone, Kernzone, ...), dem angewandten Modell für die Wärmeübergänge und der Art der Interaktion der einzel-nen Zonen untereinander [41,98]. Die Mehrzonenmodelle liefern im Vergleich zu Ein-zonenmodellen eine bessere Übereinstimmung mit experimentellen Untersuchungen. So wird der Zündzeitpunkt von Einzonenmodellen noch gut vorhergesagt, aber bei der realistischen Wärmefreisetzung und der Vorhersage von NO_x, CO und HC-Emissionen

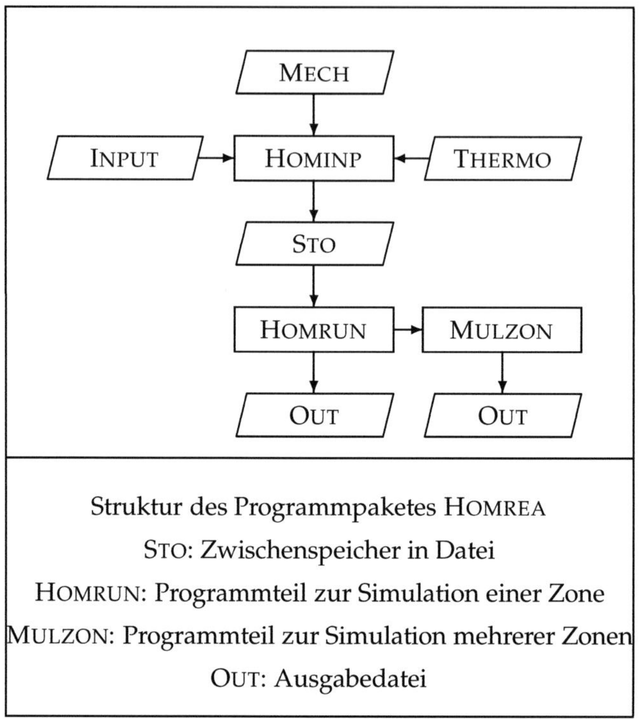

Abbildung 3.1: Struktur des Programmpaketes HOMREA.

zeigen sie im Vergleich zu Mehrzonenmodellen mit der Berücksichtigung von Randzoneneffekten Nachteile [2, 3, 52, 71, 126]. Eine Voraussetzung für die Verwendung eines Mehrzonenmodells sind Kenntnisse über die herrschenden Verbrennungsmodi. Vergleiche zwischen DNS, „enthalpy-based" Flamelet- und Mehrzonenmodellen zeigen für den Fall, dass die Deflagration zu vernachlässigen ist, eine gute Übereinstimmung [21,28,56].

3.2.1 Lösung des differentiell-algebraischen Gleichungssystems

Das in Kapitel 3.1 vorgestellte differentiell-algebraische Gleichungssystem kann nicht direkt auf die einzelnen Zonen des Mehrzonenmodells übertragen werden. Zur Lösung ist daher ein angepasstes differentiell-algebraisches Gleichungssystem notwendig, welches im Folgenden vorgestellt werden soll.

Erhaltung der Gesamtmasse

Die zeitliche Konstanz der Gesamtmasse bei der nulldimensionalen Simulation wurde dahingehend erweitert, dass ein Austausch von Masse zwischen benachbarten Zonen oder zwischen den äußeren Zonen und der Umgebung möglich ist. Damit gilt für die

Erhaltung der Gesamtmasse der jeweiligen Zone j:

$$\frac{d(\rho_j \cdot V_j)}{dt} = \dot{m}_j \qquad . \tag{3.5}$$

Daraus folgt

$$\frac{dV_j}{dt} + \frac{V_j}{\rho_j} \cdot \frac{d\rho_j}{dt} = \frac{\dot{m}_j}{\rho_j} \qquad , \tag{3.6}$$

$\dot{m}_j = \frac{dm_j}{dt}$ ist hierbei die zeitliche Massenänderung der Zone j.

Nach Umformen von Gleichung (3.6) gilt für die zeitliche Ableitung des Volumens der Zone j:

$$\frac{dV_j}{dt} = \frac{\dot{m}_j}{\rho_j} - \frac{V_j}{\rho_j} \cdot \frac{d\rho_j}{dt} \qquad . \tag{3.7}$$

Zur Bestimmung der Dichte wird das ideale Gasgesetz verwendet (siehe Gleichung (3.4)).

$$0 = \rho_j - \frac{\overline{M}_j \cdot p}{R \cdot T_j} \qquad . \tag{3.8}$$

Speziesmassenerhaltung

Die Gesamtmasse einer Zone kann sich durch den Austausch von Masse mit benachbarten Zonen ändern. Die Zusammensetzung einer Zone ändert sich dabei allerdings nicht, da keine Diffusion von Spezies berücksichtigt wird. Der Massenbruch w ändert sich nur durch chemische Reaktionen. Für die Speziesmassen in den einzelnen Zonen j gilt daher:

$$\frac{d\overline{w}_j}{dt} = \frac{\overline{\overline{M}} \cdot \overline{\omega}_j}{\rho_j} \qquad . \tag{3.9}$$

$\overline{w}_j$: Vektor der Massenbrüche der Zone j

$\overline{\overline{M}}$: Diagonalmatrix der molaren Massen: $\overline{\overline{M}} = \mathrm{diag}(M_1, M_2, \ldots, M_{N_{\mathrm{Spezies}}})$

$$= \begin{pmatrix} M_1 & 0 & \cdots & & 0 \\ 0 & M_1 & \cdots & & \vdots \\ \vdots & 0 & \ddots & & 0 \\ 0 & \cdots & 0 & & M_{N_{Spezies}} \end{pmatrix}$$

Brennraumvolumen

Zur Beschreibung von Verbrennungsvorgängen in Motoren wird der Code dahingehend erweitert, dass über die Motorparameter ein Volumenprofil berücksichtigt wird, welches das Gesamtvolumen aller Zonen beschreibt. Zur Bestimmung des augenblicklichen Brennraumvolumens $V(t) = V_c + A_k \cdot s(t)$ benötigt man das Kompressionsvolumen V_c, die Kolbenfläche $A_k = \frac{\pi}{4} \cdot D^2$ und den augenblicklichen Kolbenweg $s(t)$ [59]. Das Kompressionsvolumen V_c ergibt sich aus

$$V_c = \frac{V_h}{\epsilon - 1} \quad , \tag{3.10}$$

wobei V_h das Hubvolumen und ϵ das geometrische Kompressionsverhältnis bezeichnet. Die Volumenänderung aufgrund der Kolbenbewegung ergibt sich aus der Kolbenfläche und dem Kolbenweg. Zur Bestimmung des Kolbenwegs benötigt man den Kurbelwinkel θ, den Kolbenhub h und das Schubstangenverhältnis $\lambda_s = r/l$ und man erhält

$$s(t) = \frac{h}{2} \cdot \left[1 - \cos\theta + \frac{1}{\lambda_s} \cdot \left(1 - \sqrt{1 - \lambda_s^2 \cdot \sin^2\theta} \right) \right] \quad . \tag{3.11}$$

Damit gilt für das gesamte Brennraumvolumen

$$V(t) = \sum_{j=1}^{N_{Zone}} V_j = V_c + \frac{\pi}{4} \cdot D^2 \cdot \frac{h}{2} \cdot \left[1 - \cos\theta + \frac{1}{\lambda_s} \cdot \left(1 - \sqrt{1 - \lambda_s^2 \cdot \sin^2\theta} \right) \right] \tag{3.12}$$

wobei N_{Zone} der Gesamtanzahl der Zonen entspricht.

Für die zeitliche Volumenänderung ergibt sich dann mit der Motordrehzahl n

$$\frac{dV(t)}{dt} = \frac{\pi}{4} \cdot D^2 \cdot \frac{h}{2} \cdot \frac{\pi}{30} \cdot n \cdot \left[\sin\theta + \frac{\lambda_s}{2} \frac{\sin(2\theta)}{\sqrt{1 - \lambda_s^2 \cdot \sin^2\theta}} \right] \quad . \tag{3.13}$$

Druck im System

Der Druck im Gesamtsystem ist zeitabhängig, wird aber als homogen über die einzelnen Zonen angenommen. Es können mit diesem Modell daher keine Systeme mit räumlichen Druckschwankungen untersucht werden, der Druck ist in allen Zonen gleich. Die einzelnen Zonen sind somit über den Druck miteinander gekoppelt und es gilt

$$p_j = p_{j+1} \quad \text{für} \quad 1 \leq j < (N_{Zone} - 1) \quad . \tag{3.14}$$

Zur effizienten numerischen Bestimmung des Drucks im Gesamtsystem wird die Hilfsvariable $G_{N_{Zone}}$ eingeführt,

$$G_{N_{Zone}} = \sum_{j=1}^{N_{Zone}} p_j \cdot V_j \quad . \tag{3.15}$$

Die Hilfsvariablen für die einzelnen Zonen lassen sich unter Berücksichtigung des idealen Gasgesetzes bestimmen mit:

$$G_1 = \frac{\rho_1 \cdot V_1 \cdot R \cdot T_1}{\overline{M}_1} \quad \text{und} \tag{3.16}$$

$$G_j = G_{j-1} + \frac{\rho_j \cdot V_j \cdot R \cdot T_j}{\overline{M}_j} \quad \text{für} \quad 2 \leq j < N_{Zone} \quad . \tag{3.17}$$

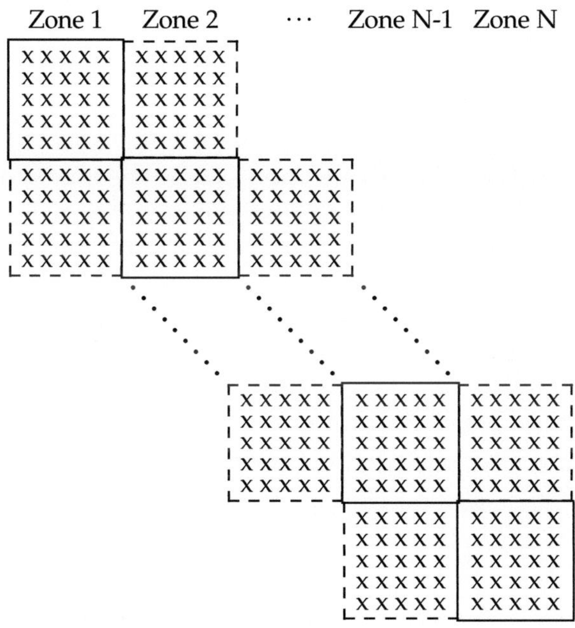

Abbildung 3.2: Block-tridiagonale Struktur der Lösungsmatrix des Mehrzonenmodells.

Durch die Einführung der Hilfsvariable G_j wird die numerische Lösung des differentiellalgebraischen Gleichungssystems erleichtert. Man erhält so bei geeigneter Anordnung der Variablen (Spezies, Energie, Volumen, Dichte, Hilfsvariable und Druck) eine block-tridiagonale Struktur der Lösungsmatrix. Diese Struktur ist in Abbildung 3.2 graphisch veranschaulicht. Durch die Verwendung der block-tridiagonalen Struktur hängen die Residuen der Erhaltungsgleichungen nur noch von der Lösung einer Zone und den unmittelbar benachbarten Zonen ab.

Für den Druck im Gesamtsystem ergibt sich somit aus Gleichung 3.15:

$$p = \frac{G_{N_{Zone}}}{V_{ges}} \quad . \tag{3.18}$$

Energieerhaltung

Bei der Energieerhaltung ist ebenfalls, wie bei der Erhaltung der Gesamtmasse, die Interaktion von benachbarten Zonen modelliert. Durch die Berücksichtigung eines Wärmestromes ändert sich die Energiegleichung wie folgt:

$$\frac{du_j}{dt} - \frac{p}{\rho_j^2} \cdot \frac{d\rho_j}{dt} = \dot{q}_j \quad . \tag{3.19}$$

Der spezifische Wärmestrom $\dot{q}_j$ wird dabei wie die Masse zwischen benachbarten Zonen übertragen. Bei der Berücksichtigung von Wärmeströmen muss unterschieden werden, ob es sich um einen Transport zwischen zwei Gaszonen oder um den Wärmeverlust an die Umgebung über die Wand des Reaktionsraums handelt. In dieser Arbeit wurde allerdings aufgrund der zusätzlichen Komplexität auf die Entwicklung und Implementierung eines entsprechenden Wandwärmemodells verzichtet, dies ist aber jederzeit ohne große Änderungen an der Programmstruktur möglich.

Aus Gleichung (3.19) ergibt sich durch Umformen und Verwendung des idealen Gasgesetzes für die zeitliche Ableitung der spezifischen inneren Energie

$$\frac{du_j}{dt} = \dot{q}_j + \frac{p}{\rho_j^2} \cdot \frac{d\rho_j}{dt} = \dot{q}_j + \frac{R \cdot T_j}{M_j} \cdot \frac{1}{\rho_j} \cdot \frac{d\rho_j}{dt} \quad . \tag{3.20}$$

Kapitel 4

Reaktionsmechanismus für Benzin-Ersatzkraftstoff

Eine genaue Kenntnis der Verbrennungsvorgänge in Motoren ist zur Entwicklung sowohl neuer Motorenkonzepte als auch von modernen Kraftstoffen notwendig, um sparsamere und umweltfreundlichere Kraftfahrzeuge zu entwickeln. Zur zuverlässigen numerischen Beschreibung von Flammen oder Zündprozessen in Motoren werden detaillierte Reaktionsmechanismen benötigt. Dabei sollen die Mechanismen die ablaufenden Prozesse möglichst genau widerspiegeln. Das heißt, es müssen nicht nur die Edukte (Kraftstoff und Luft) und die Produkte (Schadstoffe, CO_2 und H_2O), sondern auch die entstehenden Zwischenprodukte berücksichtigt werden. Zur Beschreibung der Selbstzündung einer homogenen Benzin-Ersatzkraftstoff/Luft-Mischung wurde in dieser Arbeit ein detaillierter Reaktionsmechanismus entwickelt. Bei der Selbstzündung von gasförmigen Kraftstoff/Luft-Gemischen herrschen in Verbrennungsmotoren Temperaturen um die 900 K. Daher muss der entwickelte Reaktionsmechanismus auch Niedertemperatur-Oxidationsreaktionen berücksichtigen. Diese führen zu sehr großen Reaktionsmechanismen, da die enthaltenen Radikale viele verschiedene isomere Strukturen aufweisen können [22].

Prinzipiell kann man zwei Arten der Erzeugung von detaillierten Reaktionsmechanismen unterscheiden [139]: zum einen die Mechanismen, die manuell entwickelt werden [22,30]. Bei der manuellen Entwicklung benötigt der Entwickler ein tiefes Verständnis für die Kinetik. Zuerst müssen die zur vollständigen Modellierung der Kinetik nötigen Spezies bestimmt werden. Diese Spezies müssen in den Mechanismus implementiert werden. Die einzelnen Umwandlungsschritte dieser Spezies führen aber wieder zu einer Vielzahl unterschiedlicher Zwischenprodukte, für welche wiederum einzelne miteinander gekoppelte Reaktionsschritte bestimmt werden müssen. Diese Methode ist aber nur für einfache Kohlenwasserstoffe praktikabel. Für höhere Kohlenwasserstoffe ist diese Methode zu aufwendig, da Tausende von Reaktionen immer nach dem gleichen Schema zu bestimmen und diese dann fehlerfrei einzugeben sind. Deshalb verwendet man zur Erstellung von detaillierten Reaktionsmechanismen für höhere Kohlenwasserstoffe, wie auch in dieser Arbeit, vermehrt Computerprogramme. Die Programme zur automatischen Generierung benötigen das bei der manuellen Entwicklung erarbeitete Wissen, da bereits Regeln für die Erstellung der einzelnen Reaktionspfade vorhanden sein müssen. Ein tiefes Verständnis für die Kinetik ist bei der automatischen Generierung daher nicht unbedingt nötig, jedoch ist eine Prüfung auf Plausibilität der Reaktionspfade ratsam.

4.1 Benzin-Ersatzkraftstoff

Die an der Tankstelle erhältlichen Kraftstoffe bestehen aus mehreren hundert unterschiedlichen und variierenden Komponenten (Aromaten, Paraffine, ...). Dadurch sind diese Kraftstoffe für numerische Untersuchungen mit detaillierter Kinetik nicht geeignet, da die einzelnen Kraftstoffkomponenten nicht bekannt sind. Des Weiteren sind diese Kraftstoffe für eine Untersuchungen mit Laser-induzierter Fluoreszenz (LIF), siehe dazu Kapitel 5.2, nicht geeignet, da aufgrund der Vielzahl der chemischen Spezies nicht exakt bestimmt werden kann, welche Spezies durch den Laserstrahl angeregt wird. Untersuchungen mit Laser-induzierter Fluoreszenz in Ottomotoren werden daher z. B. mit sogenannten PRF-Kraftstoffen (*Primary Reference Fuel*) durchgeführt. Diese Referenzkraftstoffe bestehen aus unterschiedlichen Mischungen von iso-Oktan und n-Heptan und sind somit auch für detaillierte Untersuchungen der chemischen Kinetik geeignet [4,30]. Inzwischen gibt es aber auch Kraftstoffe, die zusätzlich zu iso-Oktan und n-Heptan noch Toluol (TRF *Toluene Reference Fuel*) als weitere Komponente besitzen, womit die im Ottokraftstoff enthaltenen Aromaten berücksichtigt werden sollen [7,69]. Die PRF- und TRF-Kraftstoffe besitzen zwar vergleichbare Oktanzahlen wie reale Ottokraftstoffe, unterscheiden sich jedoch in einigen physikalischen Eigenschaften. Zur numerischen Untersuchung der Verbrennung in einem Viertakt HCCI-Forschungsmotor wurde in dieser Arbeit daher ein anderer Benzin-Ersatzkraftstoff verwendet, um das Verhalten von Ottokraftstoff zu beschreiben. Dieser Benzin-Ersatzkraftstoff ist frei von Aromaten und besteht aus ca. 20 Einzelkomponenten welche Tabelle 4.1 zu entnehmen sind. Das Verhältnis der Einzelkomponenten ist so aufeinander abgestimmt, dass die physikalisch chemischen Eigenschaften (Molekulare Masse, Heizwert, Wärmekapazität, Siedeverhalten) von Super-Benzin mit einer Oktanzahl von 95 möglichst gut wiedergegeben werden. Obwohl nur wenige Spezies in diesem Benzin-Ersatzkraftstoff enthalten sind, wäre ein detaillierter Reaktionsmechanismus, der alle vorkommenden Spezies des Ersatzkraftstoffes als Edukte berücksichtigt, mit den momentanen Rechen- und Speicherressourcen nicht zu bewältigen.

Daher wurde für die drei Hauptkomponenten des Benzin-Ersatzkraftstoffes mit Hilfe des Programms KUCRS (KNOWLEDGE-BASING UTILITIES FOR COMPLEX REACTION SYSTEMS) [82, 83] ein detaillierter Reaktionsmechanismus für die Modellierung der chemischen Kinetik entwickelt. Die Zusammensetzung wurde so gewählt, dass 96 % der Masse der Zusammensetzung berücksichtigt wurden. Dabei wurden Komponenten mit der gleichen Summenformel und ähnlicher Isomerstruktur zusammengefasst, nur Cyclohexan wurde aufgrund seines ringförmig geschlossenem Kohlenstoffgerüstes separat betrachtet. Des Weiteren wurde darauf geachtet, dass die Zündverzugszeiten der zusammengefassten Komponenten ähnlich lang sind. Die entsprechende Einteilung der einzelnen Komponenten in Gruppen findet sich in Tabelle 4.1. Komponenten mit weniger als 1 % der Gesamtmasse wurden dabei nicht weiter berücksichtigt. Die zur Simulation verwendete reduzierte Zusammensetzung des Benzin-Ersatzkraftstoffes ergab somit 51 % 2,2,4,6,6-Pentametylheptan (iso-Dodekan) (1), 33 % 2,2,4-Trimethylpentan (iso-Oktan) (2) und 16 % Cyclohexan (3) (Massenprozente).

Komponente	Summenformel	Massenprozent	Gruppe
n-Butan	C_4H_{10}	1.50 %	(2)
2-Methylbutan	C_5H_{12}	5.90 %	(2)
n-Pentan	C_5H_{12}	0.37 %	
2,4-Dimetyhlpentan	C_7H_{16}	0.54 %	
Cyclohexan	C_6H_{12}	15.98 %	(3)
2,3-Dimethylpentan	C_7H_{16}	0.40 %	
2,2,4-Trimethylpentan	C_8H_{18}	10.43 %	(2)
2,5-Dimethylhexan	C_8H_{18}	1.24 %	(2)
2,4-Dimethylhexan	C_8H_{18}	1.29 %	(2)
2,3,4-Trimethylpentan	C_8H_{18}	4.24 %	(2)
2,3,3-Trimethylpentan	C_8H_{18}	2.66 %	(2)
2,3-Dimethylhexan	C_8H_{18}	1.14 %	(2)
2,2,5-Trimethylhexan	C_9H_{20}	0.54 %	
2,2,4,6,6-Pentametylheptan	$C_{12}H_{26}$	32.56 %	(1)
2,2-Dimetyldekan	$C_{12}H_{26}$	1.16 %	(1)
2,2,4,4-Teramethyloktan	$C_{12}H_{26}$	6.12 %	(1)
2,6,7-Trimethyldekan	$C_{13}H_{28}$	5.92 %	(1)
2,6-Dimethylundekan	$C_{13}H_{28}$	3.35 %	(1)
4,6-Dimethylundekan	$C_{13}H_{28}$	1.77 %	(1)
3,3,4-Trimethyldekan	$C_{13}H_{28}$	1.33 %	(1)

Tabelle 4.1: Zusammensetzung des Benzin-Ersatzkraftstoffes.

4.2 Reaktionskinetik

Zur Lösung der Erhaltungsgleichungen in Kapitel 3.1 und Kapitel 3.2 werden zusätzlich zu den thermodynamischen Größen auch Informationen über die molaren Bildungsgeschwindigkeiten einzelner Spezies benötigt. Diese liefert die Reaktionskinetik mit Hilfe detaillierter Reaktionsmechanismen. Die in chemisch reagierenden Systemen ablaufenden Prozesse lassen sich mit Hilfe von Elementarreaktionen beschreiben. Dabei wird eine chemische Reaktion, die durch den Index l identifiziert wird, beschrieben durch [50, 145]:

$$\nu_a^{(a)} A + \nu_b^{(a)} B + \ldots \overset{l}{\rightleftharpoons} \nu_p^{(p)} P + \nu_q^{(p)} Q + \ldots \tag{4.1}$$

Hierbei sind $\nu_i^{(a)}$ bzw. $\nu_i^{(p)}$ die stöchiometrischen Faktoren der Edukte bzw. Produkte der betrachteten Reaktion l. A, B, … bezeichnen die Speziessymbole aller an der Reaktion l beteiligter Spezies. Die zur Lösung der Erhaltungsgleichung benötigte molare Bildungsgeschwindigkeit $\dot{\omega}_i$ jeder Spezies i ergibt sich aus der Summe der Geschwindigkeiten $\dot{r}_l$ aller n_r Elementarreaktionen, multipliziert mit der Differenz der stöchiometrischen Faktoren der jeweiligen Spezies.

$$\dot{\omega}_i = \sum_{l=1}^{n_r} \left(\nu_i^{(p)} - \nu_i^{(a)} \right) \cdot \dot{r}_l \tag{4.2}$$

Für den Fall von Elementarreaktionen erhält man die Geschwindigkeit

$$\dot{r}_l = k_l \cdot \prod_{i=1}^{n_s} c_i^{\nu_i} \quad . \tag{4.3}$$

Hierbei bezeichnet c_i die Konzentrationen der einzelnen Spezies, k_l ist der Geschwindigkeitskoeffizient der Reaktion l, dessen Temperaturabhängigkeit durch ein modifiziertes Arrheniusgesetz [11, 145]

$$k_l\left(T\right) = A_l \cdot T^{\beta_l} \cdot \exp\left(\frac{-E_{a,l}}{R \cdot T}\right) \tag{4.4}$$

mit dem präexponentiellen Faktor A_l, dem Temperaturexponenten β_l und der Aktivierungsenergie $E_{a,l}$ beschrieben wird. Die Geschwindigkeitskoeffizienten einzelner Reaktionen können dabei zusätzlich zu einer Temperaturabhängigkeit auch noch eine Druckabhängigkeit aufweisen. Die einfachste Form der Darstellung dieser Druckabhängigkeit bei Reaktionen dritter Ordnung ist der Lindemann-Hinshelwood Ansatz. Dazu werden die Geschwindigkeitskoeffizienten im Hoch- (k_∞) und im Niederdruck-Grenzfall (k_0) benötigt [108].

$$k_\infty = A_\infty \cdot T^{\beta_\infty} \cdot \exp\left(\frac{-E_{a,\infty}}{R \cdot T}\right) \tag{4.5}$$

$$k_0 = A_0 \cdot T^{\beta_0} \cdot \exp\left(\frac{-E_{a,0}}{R \cdot T}\right) \tag{4.6}$$

Für den Geschwindigkeitskoeffizienten k gilt bei einem beliebigen Druck

$$k = k_\infty \cdot \left(\frac{\frac{k_0}{k_\infty}}{1 + \frac{k_0}{k_\infty}}\right) \cdot F \quad . \tag{4.7}$$

Im Fall der Beschreibung von druckabhängigen Reaktionen mit dem Lindemann-Hinshelwood-Modell ist der Faktor F in Gleichung (4.7) gleich eins. Eine Erweiterung des Lindemann-Hinshelwood-Modells stellt das Troe-Modell [45] dar, bei welchem der Faktor F ebenfalls eine Druckabhängigkeit zeigt.

$$\log_{10} F = \frac{\log_{10} F_c}{1 + \left(\dfrac{\log_{10} \frac{k_0}{k_\infty} + c}{n - d\left(\log_{10} \frac{k_0}{k_\infty} + c\right)}\right)^2} \tag{4.8}$$

Die in Gleichung (4.8) auftretenden Koeffizienten c, n, d und F_c sind gegeben durch:

$$c = -0.4 - 0.67 \cdot \log_{10} F_c \tag{4.9}$$

$$n = 0.75 - 1.27 \cdot \log_{10} F_c \tag{4.10}$$

$$d = 0.14 \tag{4.11}$$

$$F_c = (1 - a) \cdot \exp\left(-T/T^{***}\right) + a \cdot \exp\left(-T/T^{*}\right) + \exp\left(-T^{**}/T\right) \tag{4.12}$$

Somit werden druckabhängige unimolekulare Reaktionen mit dem Troe-Modell durch zehn Parameter ($k_\infty(3)$, $k_0(3)$, a, T^{*}, T^{**}, T^{***}) anstatt wie im Fall gewöhnlicher Elementarreaktionen durch nur drei Parameter beschrieben.

4.3 Automatische Mechanismusgenerierung

Detaillierten Reaktionsmechanismen für reale Kraftstoffe, wie sie in Verbrennungsanlagen oder -motoren eingesetzt werden, bestehen aus mehreren hundert unterschiedlichen Elementen und Tausenden von Elementarreaktionen [149]. Eine manuelle Erstellung solcher umfangreicher Reaktionsmechanismen ist nicht praktikabel und eine automatische Mechanismusgenerierung ist in solchen Fällen zwingend notwendig [49]. Es gibt inzwischen eine Vielzahl verschiedener Programme zur automatischen Erstellung detaillierter Reaktionsmechanismen. Diese Programme müssen mehrere Voraussetzungen erfüllen [139]. Sie besitzen eine Bibliothek, in welcher die Struktur der chemischen Spezies abgelegt ist. Die darin enthaltenen Informationen müssen eindeutig sein, damit der Mechanismusgenerator die Produkte der Elementarreaktionen bestimmen kann. Des Weiteren müssen alle relevanten Spezieskombinationen berücksichtigt werden und dabei dürfen keine doppelten Elementarreaktionen im Mechanismus gebildet werden. Für die gefundenen Elementarreaktionen müssen noch die kinetischen Parameter erstellt werden. Diese sind für eine geringe Anzahl Elementarreaktionen ebenfalls in einer Bibliothek abgelegt. Für die weiteren Elementarreaktionen müssen mit Hilfe empirischer Regeln die fehlenden Arrheniusparameter berechnet werden. In verschiedenen Forschungsgruppen sind unterschiedliche Programme entstanden, um automatisiert Reaktionsmechanismen zu generieren, z. B. MOLEC [23, 84, 86], REACTION [15–17], RMG [49, 127] oder EXGAS [27, 146]. Für die numerische Simulation ist aber nicht nur ein detaillierter Reaktionsmechanismus notwendig, sondern es müssen auch für alle im Mechanismus enthaltenen Spezies die entsprechenden thermodynamischen Stoffdaten bereitgestellt werden. In dieser Arbeit wurde das Programm KUCRS (KNOWLEDGE-BASING UTILITIES FOR COMPLEX REACTION SYSTEMS) von Miyoshi [82, 83] verwendet, um einen detaillierten Reaktionsmechanismus automatisch zu erzeugen. Das Programm erstellt in Analogie zu bekannten Reaktionsschemata einzelner Kohlenwasserstoffe mit Hilfe von Bibliotheken, in denen Informationen zum Molekülaufbau, den Reaktionsraten etc. abgelegt sind, einen Reaktionsmechanismus für die vorgegebene Kraftstoffzusammensetzung. Bei der Kraftstoffzusammensetzung werden dabei allerdings bisher nur Aliphate berücksichtigt. Dies stellt aber für den verwendeten Kraftstoff keinen Nachteil dar, da dieser hauptsächlich aus Aliphaten besteht. Mit Hilfe des Programms THERM (THERMO ESTIMATION FOR RADICALS AND MOLECULES) [110], welches die „group additivity method" von Benson [11] verwendet, wurden die thermodynamischen Stoffdaten aller chemischen Spezies, d.h. sowohl stabile Moleküle als auch Radikale, bestimmt. Das Programm liefert die thermodynamischen Daten im alten NASA-Format als Polynomansatz 4. Grades mit je fünf Koeffizienten und zwei Integrationskonstanten für niedrige ($T < 1000\,K$) und hohe ($T > 1000\,K$) Temperaturen, wobei die Koeffizienten der Polynome für einen Temperaturbereich von 300 - 5000 K bestimmt sind.

4.4 Sensitivitätsanalyse

Reaktionsmechanismen für Kohlenwasserstoffe können, wie schon erwähnt, aus mehreren tausend Elementarreaktionen bestehen [7,30]. Die einzelnen Reaktionsgeschwindigkeiten der Elementarreaktionen unterscheiden sich bei Verbrennungsprozessen sehr stark voneinander [145]. Eine Änderung der Reaktionsgeschwindigkeit hat für die Mehrzahl der enthaltenen Elementarreaktionen keinen merklichen Einfluss auf die Dynamik des betrachteten Gesamtsystems. Es gibt jedoch einige wenige Elementarreaktionen, bei denen eine Änderung der Arrheniusparameter eine deutliche Beeinflussung des Systems verursacht. Solche Elementarreaktionen sind geschwindigkeitsbestimmend für das Gesamtsystem und ihre Arrheniusparameter müssen daher genauer betrachtet werden.

Zur Analyse von Reaktionsmechanismen ist die Sensitivitätsanalyse ein unersetzbares Hilfsmittel. Die Sensitivität beschreibt die Abhängigkeit des betrachteten chemischen Systems von verschiedenen Parametern, wie z. B. der Konzentrationen einzelner Spezies oder Geschwindigkeitskoeffizienten [139,141,144]. Bei Zündprozessen, insbesondere bei niedriger Anfangstemperatur, sind mehr Reaktionen geschwindigkeitsbestimmend als bei stationären Flammen. Aus diesem Grund sind Zündprozesse von Natur aus sensitiver als stationäre Flammen [145].

Für den entwickelten detaillierten Reaktionsmechanismus des Benzin-Ersatzkraftstoffes wurden Sensitivitätsanalysen durchgeführt, um die geschwindigkeitsbestimmenden Reaktionen der Zündprozesse zu identifizieren.

Der relative Sensitivitätskoeffizient $S^{(rel)}$ ist dabei ein Maß für die Änderung der Konzentration c_{OH} aufgrund der Änderung des Parameters k_r [23,77,108,145],

$$ S^{(rel)} = \frac{k_r}{c_{OH}} \frac{\partial c_{OH}}{\partial k_r} = \frac{\partial \ln c_{OH}}{\partial \ln k_r} \quad . \tag{4.13} $$

Untersucht wurden dabei die relativen Sensitivitäten der Zündprozesse bei unterschiedlichen Anfangstemperaturen (T = 833 K, T = 1000 K und T = 1250 K). Die Untersuchung wurde bei mittleren Temperaturen durchgeführt, wie sie bei der Selbstzündung in HCCI-Motoren vorwiegend auftreten. Wichtige Reaktionen wurden mit Hilfe der Sensitivitätsanalyse bestimmt und deren Arrheniusparameter mit entsprechenden Reaktionen aus der Literatur verifiziert. Ein Beispiel für eine Sensitivitätsanalyse bezüglich der OH-Radikalkonzentration für einige der Reaktionen mit dominierender Beeinflussung der Zündverzugzeit zeigt Abbildung 4.1. Reaktionen mit einem positiven Koeffizienten der

Sensitivität bewirken eine Erhöhung der OH-Radikalkonzentration, entsprechend bewirken Reaktionen mit einem negativen Koeffizienten der Sensitivität eine Reduzierung der OH-Radikalkonzentration. Das heisst für die Zündung, dass man, um längere Zündverzugszeiten zu erhalten, die Reaktionsraten von Reaktionen mit hoher Sensitivität reduzieren muss. Entsprechend muss man umgekehrt vorgehen, falls man die Zündverzugszeit verkürzen möchte.

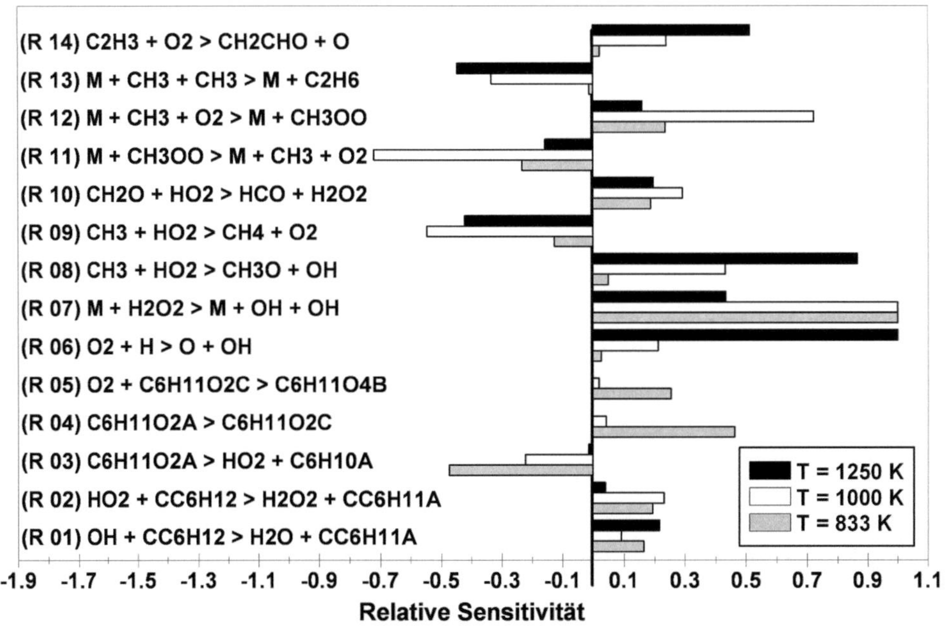

Abbildung 4.1: Sensitivitätsanalyse der Zündprozesse bezüglich der OH-Konzentration bei verschiedenen Temperaturen (T = 833 K, T = 1000 K und T = 1250 K) und einem Druck von 10 bar unter stöchiometrischen Bedingungen.

Die Reaktionen mit den höchsten Sensitivitäten sind Reaktionen, die bei allen Kohlenwasserstoff-Brennstoffen vorkommen. Die Dissoziation von Wasserstoffperoxid zu Hydroperoxiden $M + H_2O_2 \rightarrow M + OH + OH$ (R 07) ist eine Reaktion, die schon im Knallgassystem eine geschwindigkeitsbestimmende Rolle spielt [77].

Die Reaktion $M + CH_3O_2 \rightleftarrows M + CH_3 + O_2$ (R 11) findet sich schon bei der Verbrennung von Methan. Durch H-Abstraktion höherer Kohlenwasserstoffe und β-Zerfall der entstandenen Alkylradikale werden CH_3 und C_2H_5 gebildet, deren Abbau die Kinetik des gesamten Oxidationsprozesses bestimmt [22]. Diese Reaktionen sind daher gut untersucht und die verwendeten Reaktionsparameter dieser Reaktionen stimmen mit Werten aus der Literatur gut überein [22, 29, 30, 122, 129, 143].

Neben diesen Reaktionen liefert die Sensitivitätsanalyse weitere geschwindigkeitsbestimmende Reaktionen. Dies sind in erster Linie Reaktionen, die zu Beginn der Kraftstoffumsetzung stattfinden, vor allem bei der Oxidation von Cyclohexan. Die Arrheniusparameter der entsprechenden Reaktionen, welche die Bildung von Cyclohexyl aus Cyclohexan beschreiben, wurden durch Arrheniusparameter bekannter Reaktionsmechanismen ersetzt [9, 19, 30, 54, 122]. Ebenfalls wurden für die Reaktionen der Cyclohexylradikal-Isomere die Arrheniusparameter von Silke et al. übernommen [122]. Für die Reaktionen der iso-Oktan Verbrennung, welche durch interne H-Atom-Abstraktion zur Bildung von Oktylhydroperoxy-Radikalen führen, wurden die Arrheniusparameter ebenfalls mit Werten aus bekannten detaillierten Reaktionsmechanismen für iso-Oktan ersetzt [30, 100, 112].

Der auf diese Weise entwickelte detaillierte Reaktionsmechanismus für den Benzin-- Ersatzkraftstoff besteht aus 1027 Spezies und 5730 Reaktionen. Unter diesen Reaktionen befinden sich 15 unimolekulare Reaktionen, deren Reaktionsgeschwindigkeiten druckabhängig sind.

4.5 Validierung des Reaktionsmechanismus

Die gewonnenen numerischen Ergebnisse des detaillierten Reaktionsmechanismus zur Beschreibung der Verbrennung von Benzin wurden mit experimentellen Daten validiert. Die Zündverzugszeiten des Benzin-Ersatzkraftstoffes wurden mit den experimentellen Resultaten der RCM (*Rapid Compression Machine*) des Instituts für Technische Thermodynamik des Karlsruher Instituts für Technologie bestimmt. Genauere Informationen über die verwendete RCM finden sich in [117, 142]. Zudem wurden die Zündverzugszeiten der einzelnen Hauptkomponenten des Kraftstoffes mit experimentellen Resultaten verglichen, wobei sowohl Daten aus RCMs [73] und Stoßwellenrohren (*Shock Tube*) [37, 109] für den Vergleich verwendet wurden.

4.5.1 Zündverzugszeiten

Die Simulationen zur Bestimmung der Zündverzugszeit wurden mit dem Programmcode HOMREA durchgeführt (siehe Kapitel 3.1). Im Folgenden werden die Zündverzugszeiten des entwickelten detaillierten Reaktionsmechanismus zur Beschreibung der Oxidation von Benzin experimentellen Zündverzugszeiten gegenübergestellt. Der entwickelte Reaktionsmechanismus soll dabei nicht nur die Zündverzugszeiten des Benzin-Ersatzkraftstoffes reproduzieren, es sollen auch die Zündverzugszeiten der einzelnen drei Hauptkomponenten gut wiedergegeben werden. Dazu wird der Reaktionsmechanismus zunächst anhand von Zündverzugszeiten der drei Hauptkomponenten validiert, wobei nur für iso-Oktan und Cyclohexan experimentelle Werte in der Literatur vorliegen. Für die Einzelkomponenten wird, falls detaillierte Reaktionsmechanismen vorliegen, im Weiteren Referenzmechanismus genannt, ein Vergleich mit Simulationsergebnissen von Reaktionsmechanismen aus der Literatur gezeigt, welche speziell für diese Brennstoffe entwickelt wurden.

Iso-Oktan

Iso-Oktan dient als ein Ersatzkraftstoff für Ottokraftstoffe und wurde daher in der Vergangenheit umfangreich untersucht. Daher finden sich in der Literatur für diesen Stoff neben umfangreichen experimentellen Untersuchungen [37,109] auch einige detaillierte Reaktionsmechanismen [4,7,30,47]. In Abbildung 4.2 sind Zündverzugszeiten für ein

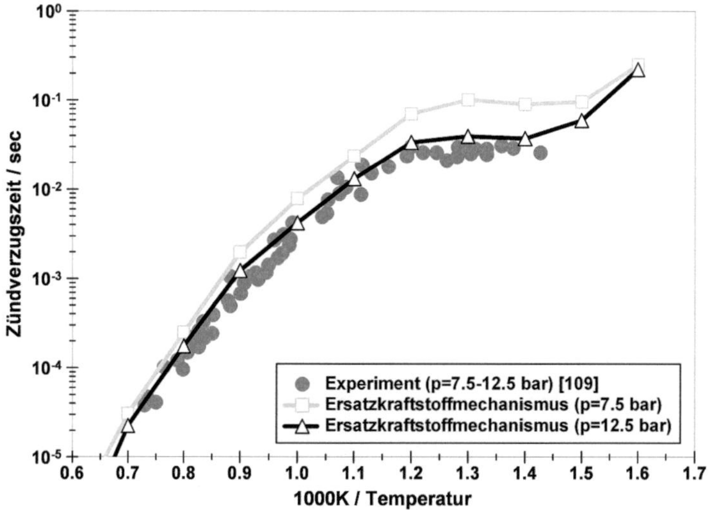

Abbildung 4.2: Zündverzugszeiten für eine stöchiometrische iso-Oktan/Luft-Mischung bei Drücken zwischen 7.5 bar und 12.5 bar. Experimente mit Stoßwellenrohr [109] und Simulation mit Reaktionsmechanismus für Benzin-Ersatzkraftstoff.

stöchiometrisches iso-Oktan/Luft-Gemisch bei Drücken zwischen 7.5 bar und 12.5 bar in einem Arrhenius-Diagramm dargestellt. Die zur Validierung gewählten experimentellen Zündverzugszeiten stammen von Untersuchungen in einem Stoßwellenrohr [109]. Der Reaktionsmechanismus für den Benzin-Ersatzkraftstoff liefert für reines iso-Oktan eine gute Übereinstimmung der Zündverzugszeiten mit den Resultaten des Stoßwellenrohrexperiments. Die erhaltenen Zündverzugszeiten liegen im Bereich anderer detaillierter Reaktionsmechanismen [30]. Neben diesen Untersuchungen zwischen 7.5 bar und 12.5 bar gibt es weitere Experimente bei höheren Drücken (zwischen 38 bar und

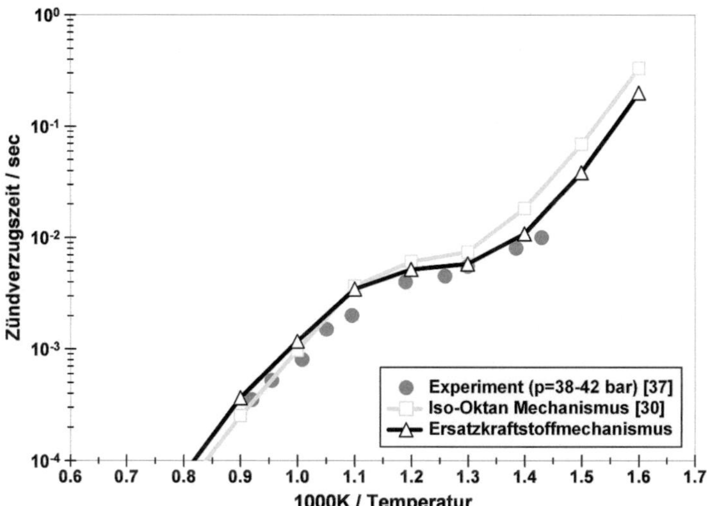

Abbildung 4.3: Zündverzugszeiten für eine stöchiometrische iso-Oktan/Luft-Mischung bei Drücken von 40 bar. Experimente mit Stoßwellenrohr [37] und Simulation mit Reaktionsmechanismus für Benzin-Ersatzkraftstoff und Referenzmechanismus für iso-Oktan [30].

42 bar), wie sie auch in Verbrennungsmotoren am Ende der Kompression zu erwarten sind. Da der entwickelte Reaktionsmechanismus zur Simulation von Verbrennungsvorgängen in Motoren verwendet werden soll, ist ein Vergleich mit diesen Experimenten ebenfalls interessant. Die numerischen Simulationen wurden zusätzlich zu dem entwickelten Benzin-Ersatzkraftstoffmechanismus noch mit einem Referenzmechanismus [30] unter gleichen Randbedingungen durchgeführt. Diese numerischen Resultate sind ebenfalls im Arrhenius-Diagramm (Abbildung 4.3) dargestellt. Es zeigt sich sowohl eine gute Übereinstimmung von den numerischen Ergebnissen untereinander als auch mit den experimentellen Zündverzugszeiten.

Cyclohexan

In Abbildung 4.4 sind Untersuchungen für Cyclohexan dargestellt. Die Zündverzugszeiten aus numerischen Simulationen für ein stöchiometrisches Cyclohexan/Luft-Gemisch stimmen bei niedrigen und mittleren Temperaturen ebenfalls gut mit experimentellen Zündverzugszeiten einer RCM [73] überein. Allerdings liegen für Cyclohexan nur experimentelle Untersuchungen bei niedrigen Drücken um die 10 bar vor [73,123]. Zusätzlich zu den experimentellen Zündverzugszeiten ist ein Vergleich mit einem Referenzmechanismus von Silke et al. [122] dargestellt. Für hohe Temperaturen stimmen die Ergebnisse der beiden Reaktionsmechanismen gut überein. Im Bereich niedriger und mittlerer

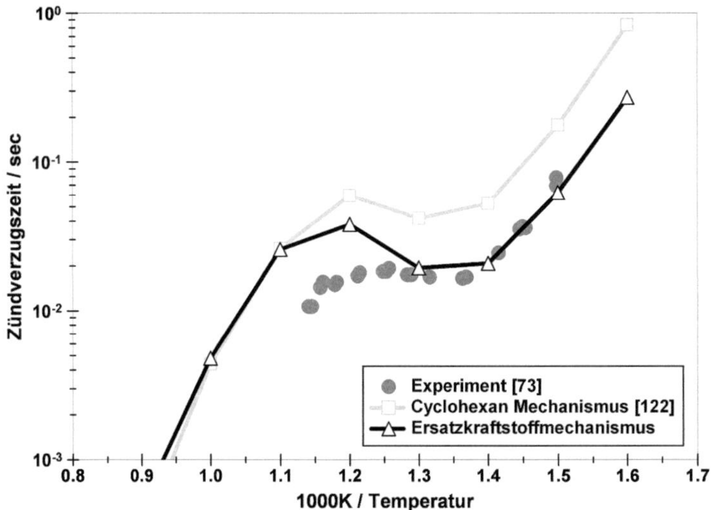

Abbildung 4.4: Zündverzugszeiten für eine stöchiometrische Cyclohexan/Luft-Mischung bei 10 bar. Experimente mit RCM [73] und Simulationen mit Reaktionsmechanismus für Benzin-Ersatzkraftstoff und Referenzmechanismus für Cyclohexan [122].

Temperaturen erreicht der entwickelte Benzin-Ersatzkraftstoffmechanismus eine bessere Übereinstimmung mit den experimentellen Zündverzugszeiten als der Referenzmechanismus.

Iso-Dodekan

Für iso-Dodekan liegen keine experimentellen Untersuchungen zur Bestimmung der Zündverzugszeiten vor. Daher kann an dieser Stelle kein Vergleich mit experimentellen Werten gezeigt werden. In Abbildung 4.5 sind daher die aus der Simulation erhaltenen Zündverzugszeiten von iso-Dodekan und iso-Oktan dargestellt. Iso-Oktan gehört wie iso-Dodekan zu den gesättigten unverzweigten Kohlenwasserstoffen. Des Weiteren spricht für iso-Oktan die Tatsache, dass es mit einer Kohlenstoffanzahl von acht in der Nähe von iso-Dodekan liegt und im Gegensatz zu diesem detailliert experimentell untersucht wurde. Daher wurde iso-Oktan als Referenz gewählt. Die Simulationen wurden für stöchiometrische Kraftstoff/Luft-Mischungen bei 10 bar durchgeführt. Die Zündverzugszeiten von iso-Dodekan sind kürzer als die von iso-Oktan. Mit zusätzlichen Metyl-Gruppen nimmt die Zündwilligkeit einer Alkankette ab. Jedoch sind längere Alkanketten zündwilliger als kürzere und dieser Effekt überwiegt bei iso-Dodekan im Vergleich zu iso-Oktan [75]. Der entwickelte Reaktionsmechanismus für den Benzin-Ersatzkraftstoff ist in der Lage, für die enthaltenen Einzelkomponenten iso-Oktan und

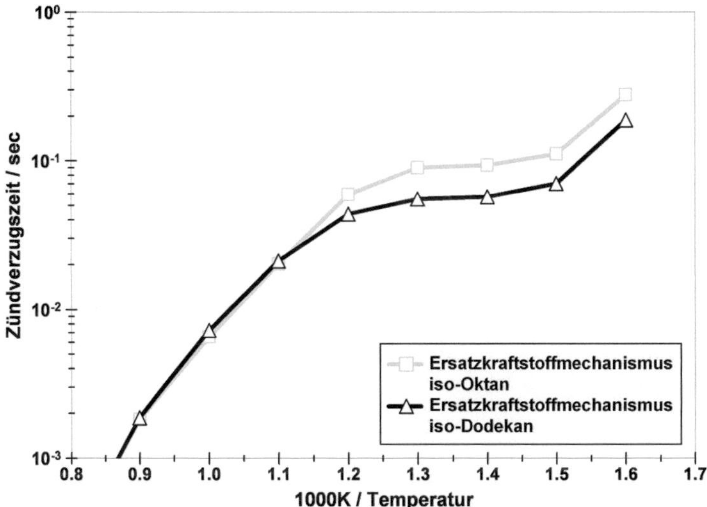

Abbildung 4.5: Zündverzugszeiten für eine stöchiometrische iso-Dodekan/Luft-Mischung bei 10 bar und eine stöchiometrische iso-Oktan/Luft-Mischung bei 10 bar mit Reaktionsmechanismus für Benzin-Ersatzkraftstoff.

Cyclohexan Zündverzugszeiten vorherzusagen, die gute Übereinstimmungen mit experimentellen Zündverzugszeiten liefern. Auch für iso-Dodekan liefert der Reaktionsmechanismus plausible Ergebnisse.

Benzin-Ersatzkraftstoff

Nachdem das Verhalten der Einzelkomponenten mit dem detaillierten Reaktionsmechanismus dargestellt werden konnte, wurden Experimente an der RCM mit dem Benzin--Ersatzkraftstoff durchgeführt, um den detaillierten Reaktionsmechanismus für diesen Kraftstoff zu validieren. Für unterschiedliche Äquivalenzverhältnisse sind Vergleiche zwischen experimentellen Zündverzugszeiten des Benzin-Ersatzkraftstoffes und den Resultaten der numerischen Simulationen mit dem detaillierten Reaktionsmechanismus, welcher den Benzin-Ersatzkraftstoff durch eine Mischung der drei (oben beschriebenen) Hauptkomponenten repräsentiert (siehe Tabelle 4.1), in Abbildung 4.6 und Abbildung 4.7 dargestellt.

Für eine stöchiometrische Benzin-Ersatzkraftstoff/Luft-Mischung bei Drücken zwischen 7.5 bar und 12.5 bar werden die Zündverzugszeiten gut wiedergegeben, wie Abbildung 4.6 zeigt. Die Resultate von Simulation und Experiment zeigen einen übereinstimmenden Verlauf des NTC-Bereiches, in welchem es trotz steigender Temperaturen nicht zu kürzeren Zündverzugszeiten kommt.

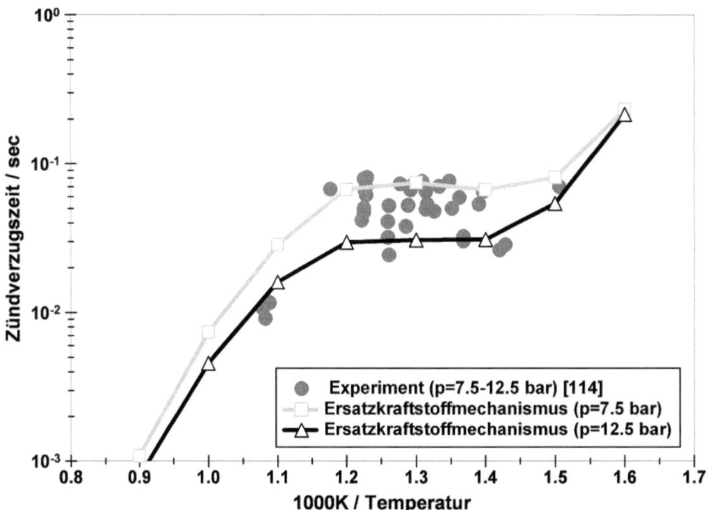

Abbildung 4.6: Zündverzugszeiten für eine stöchiometrische Benzin-Ersatzkraftstoff/Luft-Mischung bei Drücken zwischen 7.5 bar und 12.5 bar. Experimente mit RCM [114] und Simulation mit Reaktionsmechanismus für Benzin-Ersatzkraftstoff.

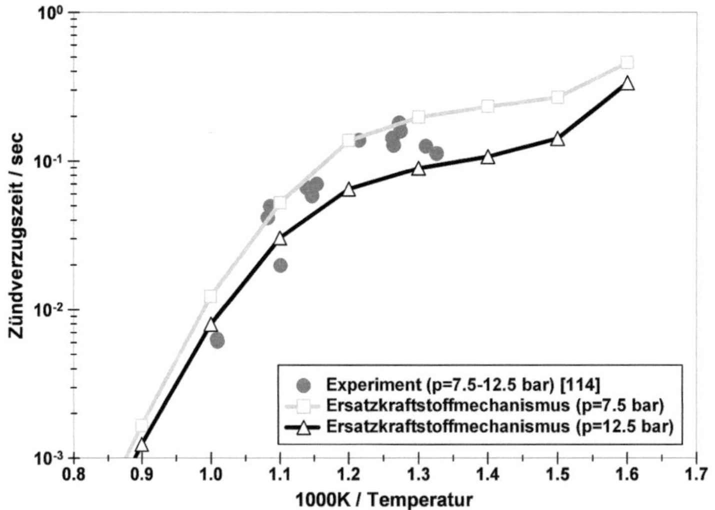

Abbildung 4.7: Zündverzugszeiten für eine magere Benzin-Ersatzkraftstoff/Luft-Mischung mit $\phi = 0.5$ bei Drücken zwischen 7.5 bar und 12.5 bar. Experimente mit RCM [114] und Simulation mit Reaktionsmechanismus für Benzin-Ersatzkraftstoff.

Für magere Bedingungen, dargestellt in Abbildung 4.7, stimmen die numerischen Simulationen ebenfalls gut mit dem Experiment überein. Die Zündverzugszeiten sind in beiden Fällen länger als bei stöchiometrischen Bedingungen. Im Gegensatz zu den stöchiometrischen Zündverzugszeiten nehmen bei mageren Bedingungen die Zeiten über den gesamten Temperaturbereich stetig ab und es gibt keinen NTC-Bereich.

Zusammenfassend bleibt festzustellen, dass der entwickelte Reaktionsmechanismus geeignet ist, die Zündverzugszeiten des untersuchten Benzin-Ersatzkraftstoffes vorherzusagen. Für die Einzelkomponenten iso-Dodekan, iso-Oktan und Cyclohexan stimmen die Zündverzugszeiten ebenfalls mit experimentellen und numerischen Ergebnissen gut überein.

Kapitel 5

Experimenteller Aufbau

Im folgenden Kapitel wird auf den experimentellen Versuchsaufbau eingegangen. Neben der Vorstellung des verwendeten HCCI-Forschungsmotors werden die Grundlagen der Laser-induzierten Fluoreszenz und die zur Durchführung der optischen Untersuchungen erforderlichen Hilfsmittel wie Lasersystem, Lichtschnittoptik und Bilderfassungssysteme beschrieben. Auf die zum Betrieb des gesamten Versuchsaufbaues notwendige Ablaufsteuerung und Messdatenerfassung wird ebenfalls eingegangen.

5.1 HCCI-Forschungsmotor

Der verwendete HCCI-Forschungsmotor basiert auf einem luftgekühlten Einzylinder Zweitaktottomotor (Typ L372, ILO). In Tabelle 5.1 sind die wichtigsten Daten des verwendeten Motors zusammengefasst. Der Motor besitzt bei einen Hubraum von $372\,\mathrm{cm}^3$ und einem Bohrungsdurchmesser von 80 mm einen kurzen Hub von 74 mm. Für die durchgeführten optischen Untersuchungen zur Selbstzündung von mageren Kraftstoff/Luft-Gemischen waren einige Modifikationen nötig.

Dazu wurde das Verdichtungsverhältnis durch Anbringen einer 6.2 mm hohen, planparallelen Aluminiumplatte auf der Kolbenoberseite erhöht und beträgt nun je nach verwendeter Modifikation zwischen 20:1 - 34:1 (geometrisches Verdichtungsverhältnis) bzw. 15:1 - 25:1 (effektives Verdichtungsverhältnis). Diese Gestaltung ist für die laserspektroskopischen Experimente vorteilhaft, da mit diesem Aufbau zu jedem Zeitpunkt, auch bei oberer Totpunkt (OT) Stellung des Kolbens, eine Einkopplung des Laserstrahles über den gesamten Brennraum möglich ist. Der Kolben ist mit einem zusätzlichen vierten Kolbenring versehen, um den (durch die Kolbenplatte erhöhten) Feuersteg zu reduzieren. Der Ladungswechsel erfolgt nach dem Schnürle-Verfahren [60]. Die Steuerzeiten des Motors sind graphisch in Abbildung 5.1 dargestellt. Der Einlasskanal öffnet (EÖ) 70 °KW v. OT und schliesst (ES) entsprechend 70 °KW n. OT. In dieser Zeit kann

Typ	ILO 372, luftgekühlter Zweitakt HCCI-Forschungsmotor
Zylinder	1
Bohrung	80 mm
Hub	74 mm
Hubraum	372 cm^3
Pleuellänge	148 mm
Drehzahl	1000 min^{-1}
Geometrische Verdichtung	ca. 20:1 - 34:1
Effektive Verdichtung	ca. 15:1 - 25:1
Kraftstoff	Mischung aus reinem iso-Oktan und n-Heptan, Aceton als Tracer
Gemischaufbereitung	Bosch Otto-DE-Injektor HDEV 1.1

Tabelle 5.1: Daten des optisch zugänglichen Zweitakt HCCI-Forschungsmotors.

die angesaugte Luft in das Kurbelgehäuse einströmen. Der Auslasskanal (AÖ) öffnet 70 °KW v. UT (unterer Totpunkt), 20 °KW später öffnen die Überströmkanäle (ÜÖ). Die Überströmkanäle schließen (ÜS) 50 °KW n. UT 20 °KW vor dem Auslasskanal (AS). Die Einspritzung (IB bis IE) findet bei geöffnetem Einlasskanal statt. Da die Kanäle im Vergleich zum Grundmotor nun später öffnen, aber früher schließen, und zusätzlich durch die plane Kolbenplatte die Strömungsbedingungen beeinflusst werden, verschlechtert sich die Spülung des Motors.

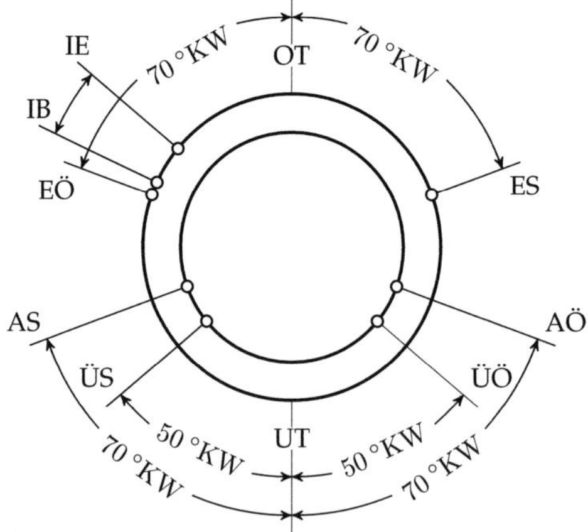

Abbildung 5.1: Abfolge der Zyklusereignisse. Der innere Ring zeigt die Vorgänge, die im Inneren des Zylinders ablaufen, der äußere Ring die Vorgänge im Kurbelgehäuse.

Somit verbleibt ein hoher Abgasanteil im Brennraum, welcher aber nicht negativ für die HCCI-Verbrennung ist. Vielmehr unterstützt die thermische Energie des Abgases die Selbstzündung, und das Abgas verhält sich während der Verbrennung ähnlich einem Inertgas, womit ein moderater Druckanstieg begünstigt wird.

Der Forschungsmotor wird von einem Vierquadranten-Elektromotor (System Simodrive, Typ 1FT5 108-0AC01, Siemens) geschleppt. Zur Aufrechterhaltung einer konstanten Drehzahl verfügt der Elektromotor über eine leistungsstarke Regelung, die Abweichungen von der Solldrehzahl ($1000\,\mathrm{min}^{-1}$) durch Abbremsen bzw. Beschleunigen des Motors korrigiert. Zum Ausgleich von Drehzahlschwankungen ist ein überdimensioniertes Schwungrad angebracht [10]. Am gegenüberliegenden Kurbelwellenende ist ein Drehzahlgeber (Typ ROD 426B, Heidenhain) angeflanscht. Er besitzt eine Auflösung von $0,1\,°\mathrm{KW}$ und zusätzlich pro Umdrehung noch ein Referenzsignal. Dieses Referenzsignal dient als Synchronisation aller Sensor- und Triggersignale [81].

Eine Gemischschmierung, wie sie bei Zweitaktmotoren üblich ist, kann bei den optischen Untersuchungen nicht verwendet werden. Einerseits sind einige Öladditive stark fluoreszierend und können daher die Messergebnisse beeinträchtigen, andererseits würde das Öl die optischen Zugänge im Betrieb zu sehr verschmutzen. Um eine Verschmutzung der optischen Komponenten zu vermeiden und aufgrund der hohen Empfindlichkeit der angewandten Lasermesstechnik gegen Verunreinigungen im Brennraum, scheiden herkömmliche Öle als Schmierstoff für den Motor aus. Daher wird zur Schmierung eine dünne Schicht eines Schmierfettes auf Molybdändisulfidbasis auf die Zylinderlauffläche aufgebracht.

Die Gemischbildung erfolgt durch einen elektromagnetischen Kraftstoff-Injektor (nach innen öffnend, Typ 03, Bosch), wie er üblicherweise in einem Ottomotor mit Direkteinspritzung verwendet wird. Über eine triggerbare Verstärkereinheit kann sowohl der Einspritzzeitpunkt über den Triggerbeginn (IB) als auch die Einspritzdauer über die Triggerdauer (=IE-IB) und damit die Einspritzmenge frei variiert werden. Das Einspritzende (IE) wird dabei nicht verändert, sondern je nach Einspritzdauer der Einspritzungsbeginn (IB) angepasst. Der Kraftstoff wird direkt in das Kurbelgehäuse in den angesaugten Frischluftmassenstrom mit einem Druck von 100 bar eingespritzt (siehe Abbildung 5.2). Dies ermöglicht durch den langen Strömungsweg des Gemisches über Kurbelgehäuse und Überströmkanäle in den Brennraum eine ausreichende Zeit zur Gemischhomogenisierung. Für die Motorexperimente wurde ein Luft/Kraftstoff-Verhältnis von ca. 3.3 gewählt, welches mittels einer Breitbandlambdasonde (Typ LSU 4.9, ETAS GmbH), die motornah im Abgastrakt angebracht ist, bestimmt wurde.

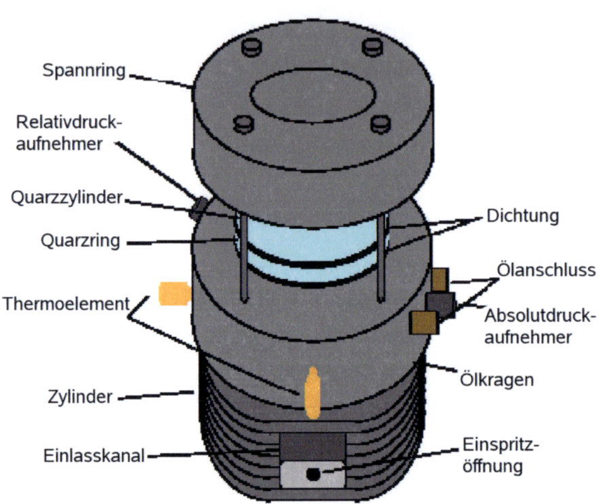

Abbildung 5.2: Schema des optisch zugänglichen Zweitakt HCCI-Forschungsmotors.

Als Kraftstoff werden ausschließlich Gemische aus reinem iso-Oktan und n-Heptan verwendet (Modellkraftstoff). Diese zeigen, wie schon erwähnt, im Gegensatz zu handelsüblichem Benzin keine Eigenfluoreszenz bei der verwendeten Anregungswellenlänge und der Modellkraftstoff hat auch den Vorteil einer genau definierten Zusammensetzung, was den Vergleich zwischen experimentellen Messresultaten und numerischen Simulationen der Verbrennungsvorgänge im Motor wesentlich erleichtert.

Zur optischen Zugänglichkeit des Motors wurde auf den ursprünglichen Zylinderkopf komplett verzichtet. Von dem Zylinder wurden einige Kühlrippen entfernt und durch einen Zylinderabschlussring (Ölkragen) ersetzt (siehe Abbildung 5.2). Mit Dehnbolzen ist dieser mit dem Motorblock verschraubt, sodass auch der dazwischenliegende Zylinder eingespannt ist. Im Ringkanal des Ölkragens zirkuliert ein Wärmeträgeröl (Deacal HT 22, DEA), welches eine konstante Zylinderwandtemperatur gewährleistet. Dies vermindert den mechanischen Verschleiß der Bauteile, da der Motor nicht erst im Betrieb aufgeheizt werden muss und ermöglicht konstante Versuchsbedingungen. Da die Ölanschlüsse für Zu- und Ablauf nebeneinander angebracht sind, ist eine Platte in den Ringspalt eingelötet, die verhindert, dass das Wärmeträgeröl durch einen Kurzschluss sofort wieder zurückströmen kann. Dadurch lässt sich der Motor vor Versuchsbeginn schrittweise auf 50°C, 70°C, 90°C und 110°C vorheizen, wobei eine homogene Zylinderwandtemperatur über den gesamten Umfang gewährleistet ist.

Ein Quarzring ($D_a = 100$ mm, $D_i = 80$ mm) von 4 mm Höhe bildet die Verlängerung des Zylinders und ein massiver Quarzzylinder ($D = 100$ mm) mit einer Höhe von 40 mm den

Abschluss des Brennraums anstelle des entfernten Zylinderkopfes. Die beiden Glasringe werden durch Metallsickendichtungen mit Hilfe des Spannrings über Dehnschrauben mit dem Zylinderabschlussring verspannt. Dadurch wird der Brennraum abgedichtet und es ergibt sich mit der planen Kolbenoberfläche ein Scheibenbrennraum. Durch Verwendung unterschiedlich starker Dichtungen (1.2 mm, 2 mm oder 3 mm) lässt sich das Verdichtungsverhältnis und damit die Selbstzündung zusätzlich beeinflussen. Die gesamte Konstruktion des Zylinderkopfbereiches ermöglicht eine einfache Demontage der Glasteile und erlaubt so eine problemlose und schnelle Reinigung oder den Ersatz eines Quarzringes bei Beschädigung.

Zur Zylinderdruckinduzierung sind im Ölkragen ein piezoresistiver Absolutdruckaufnehmer (Typ 4045-A20, Kistler) und ein piezoelektrischer Relativdruckaufnehmer (Typ 6001, Kistler) angebracht (siehe Abbildung 5.2). Durch eine zylinderkopfnahe Einbaulage des Relativdruckaufnehmers ist eine Detektion des relativen Brennraumdrucks gewährleistet, auch wenn der Kolben sich in OT-Stellung befindet [81].

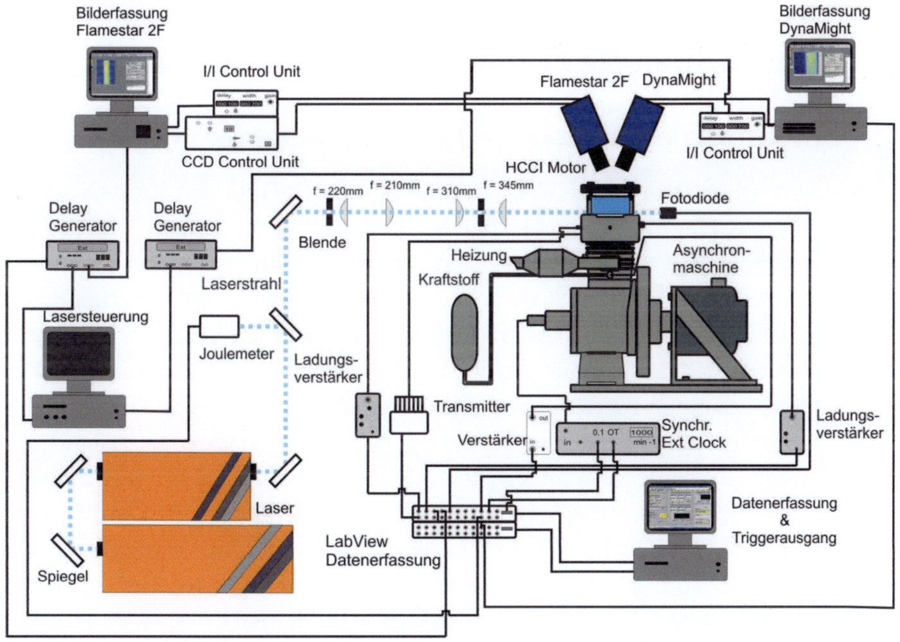

Abbildung 5.3: Schema des Versuchsaufbaues zur LIF-Untersuchung.

Zur Regelung der Ansauglufttemperatur dient ein elektrisches Heizelement ([94], Typ Emicat® Serie 6), welches einlassseitig motornah eingebaut sitzt (siehe Abbildung 5.3).

Bei einem Nenndurchmesser von 90 mm und einer Länge von 74.5 mm besitzt dieses bei 12 V Spannung eine maximale Heizleistung von 3 kW. Durch den Aufbau aus einer metallischen Wabenstruktur resultiert eine äußerst homogene Temperaturverteilung der Ansaugluft. Die Regelung erfolgt durch eine Regeleinheit der Firma Genotec, wobei als Regelsensor ein dem Heizelement nachgeschaltetes NiCr-Ni Thermoelement (Typ K) verwendet wird.

Zur Bestimmung der Randbedingungen, welche für die numerische Simulation und zur Bewertung der Laser-induzierten Fluoreszenz benötigt werden, sind mehrere Thermoelemente (Typ K) am Motor angebracht. Ein Thermoelement ist in einem der beiden Überströmkanäle platziert. Mit diesem kann die Gemischtemperatur vor Brennraumeintritt bestimmt werden. Des Weiteren sind im oberen Bereich des Ölkragens ebenfalls drei Thermoelemente (Typ K) über den halben Umfang im $90°$-Abstand verteilt [81]. Mit diesen lassen sich Inhomogenitäten der Brennraumwandtemperatur im oberen Zylinderbereich quantifizieren und in der Simulation und der Bewertung der Messergebnisse falls nötig berücksichtigen.

5.2 Laser-induzierte Fluoreszenz und Lasersystem

5.2.1 Einführung in die Laser-induzierte Fluoreszenz (LIF)

Im Allgemeinen bezeichnet Laser-induzierte Fluoreszenz (LIF) den Prozess der Anregung von Atomen oder Molekülen in einen energetisch höheren Zustand durch Absorption von Laserlicht und der anschließenden Abgabe der Energie durch Emission von Licht. Die bei Verbrennungsvorgängen interessierenden reaktiven Zwischenprodukte (z. B. H, OH, CH, CH_3O oder CH_3COCH_3) absorbieren Licht überwiegend in einem Wellenlängenbereich zwischen 200 nm und 600 nm. Die emittierte Strahlung ist in der Regel rotverschoben zum eingestrahlten Licht (Stokesverschiebung), da das Molekül meist in einen im Vergleich zum Ausgangsniveau energetisch höheren Quantenzustand zurück fällt. Findet der Übergang vom angeregten Niveau in das Ausgangsniveau statt, entspricht die Emissionswellenlänge der Anregungswellenlänge und man spricht von Resonanzfluoreszenz. Um Interferenzen mit Laserstreulicht oder Mie-Streuung zu vermeiden, ist es vorteilhaft, die spektral verschobene Fluoreszenz zu verwenden. Im Vergleich zum Raman-Signal ist das LIF-Signal viel stärker und geeignet, in Verbrennungsprozessen Konzentrationen im Sub-ppm Bereich zu bestimmen [32, 36].

Fluoreszenz von Aceton

Der Effekt, welcher der Fluoreszenz zugrunde liegt, ist die spontane Emission eines Photons bei dem Übergang von einem angeregten Molekülzustand in einen energetisch tieferliegenden Zustand. Das dabei emittierte Licht besitzt eine Wellenlänge, die von der Energiedifferenz ΔE zwischen diesen beiden Zuständen abhängt:

$$\lambda = \frac{h \cdot c}{\Delta E} \tag{5.1}$$

mit dem Planckschen Wirkungsquantum h und der Lichtgeschwindigkeit c. Ausführliche Grundlagen zur Photophysik von Molekülen finden sich in [32, 36, 120], speziell für Aceton existieren Modellansätze [137, 155]. Im Folgenden werden kurz die prinzipiellen photophysikalischen Phänomene nach dem Modell von Thurber [137] erläutert. In Ab-

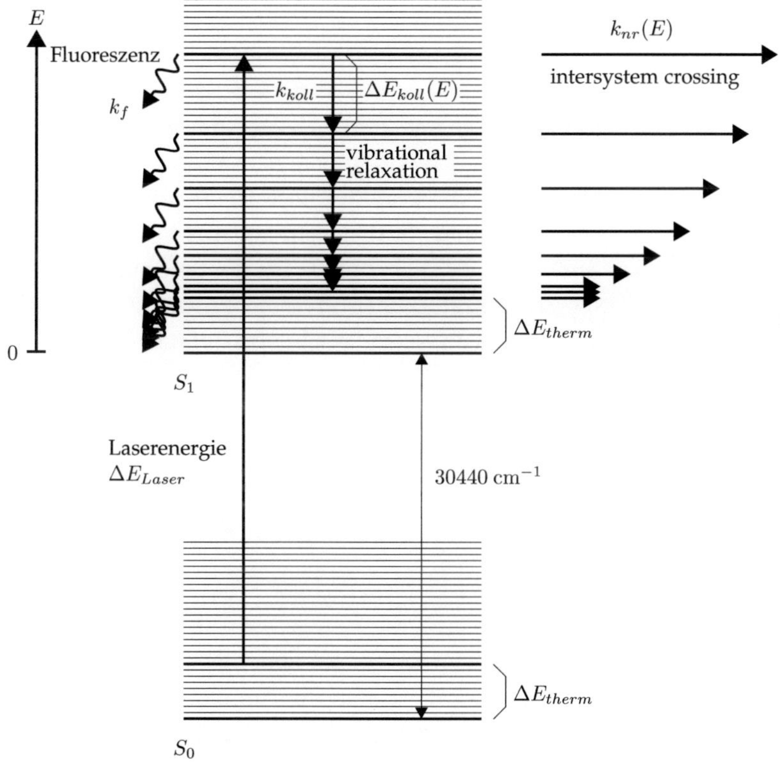

Abbildung 5.4: Modell der Photophysik von Aceton nach Thurber [137]. Das Molekül wird durch die Laserlichtanregung (ΔE_{Laser}) vom Grundzustand S_0 in den elektronisch angeregten Zustand S_1 gebracht. Der energetisch höhere Zustand wird durch Abgabe von Fluoreszenzlicht mit der Rate k_f oder strahlungslos (k_{koll}, k_{nr}) abgebaut.

bildung 5.4 repräsentieren die horizontalen Linien schematisch verschiedene Energiezustände, die das Molekül aufgrund von elektronischer Anregung als auch von vibratorischen und rotatorischen Freiheitsgraden annehmen kann. Zwischen diesen diskreten Energiestufen finden Übergänge statt, die Einfluss auf die Fluoreszenzausbeute haben. Das nicht angeregte Molekül befindet sich dabei in einem energetisch niedrigen Zustand. Aufgrund der Temperatur wird im elektronischen Grundzustand S_0 ein bestimmter Zustand von vibratorischer und rotatorischer Energie besetzt (ΔE_{therm}). Der genaue Zustand nach der Anregung hängt nach Gleichung 5.1 von der thermischen Gleichgewichtsbesetzung im Grundzustand und der eingebrachten Energiedifferenz ΔE_{Laser}, also der Lichtwellenlänge ab. Es werden hohe Zustände in S_1 besetzt, diese liegen über der thermischen Gleichgewichtsbesetzung des angeregten Zustands. Aufgrund der Molekülgröße bestehen viele Zustandsmöglichkeiten, in die das Molekül durch Aufnahme eines Photons übergehen kann. Neben der spontanen Emission kann ein angeregtes Teilchen auch ohne Aussendung eines Photons in einen niedrigeren Zustand zurückfallen. Das sogenannte Intersystem Crossing erfolgt strahlungslos (no radiation, nr) mit der Rate k_{nr}, welche bei höheren S_1-Zuständen größer ist. Gleichzeitig relaxiert das Molekül innerhalb von S_1 aufgrund von Stößen mit anderen Molekülen zu niedrigeren vibratorischen Energiestufen, die längerlebig sind (vibrational relaxation, VR). Durch Kollisionen zwischen Molekülen erfolgen ebenfalls strahlungslose Übergänge mit der Übergangsrate k_{koll}, welche vom Stoßpartner abhängt (Quenching). Aus den Zwischenzuständen fluoresziert das Molekül mit den Übergangsraten k_f. Bei der Bestimmmung der Fluoreszenz müssen alle N angeregten vibratorischen Zwischenzustände berücksichtigt werden. Für die Fluoreszenzsausbeute von Aceton ergibt sich dann folgender Ansatz [137]:

$$
\begin{aligned}
\phi_{fl} \;=\; & \frac{k_f}{k_f + k_{koll} + k_{nr,1}} \\
& + \sum_{i=2}^{N-1} \left(\frac{k_f}{k_f + k_{koll} + k_{nr,i}} \prod_{j=1}^{i-1} \left[\frac{k_{koll}}{k_f + k_{koll} + k_{nr,j}} \right] \right) \\
& + \frac{k_f}{k_f + k_{nr,N}} \prod_{j=1}^{N-1} \left[\frac{k_{koll}}{k_f + k_{koll} + k_{nr,j}} \right] \quad .
\end{aligned}
\tag{5.2}
$$

Dieses Model summiert die Fluoreszenzsausbeute über alle angeregten vibratorischen Zustände N. Der Zustand 1 ist dabei der durch die Anregung erreichte Zustand und N ein Zustand knapp oberhalb der thermischen Besetzung im angeregten Zustand. Die Zahl der möglichen Emissionen ist größer als im Fall des einfachen Zweiniveau-Modells und sorgt daher für ein breitbandiges Spektrum. Bleibt die Anregungsenergie des Laserlichts unterhalb der Sättigungsenergie für Fluoreszenz, so ergibt sich für die zu erwartende Fluoreszenzsignalintensität S_{LIF},

$$
S_{LIF} \propto n_{Aceton} \cdot \sigma_{abs}(\lambda, T) \cdot \phi_{fl}(\lambda, T) \quad ,
\tag{5.3}
$$

mit n_{Aceton} Anzahl an Acetonmolekülen, dem Absorptionsquerschnitt σ_{abs} und der Fluoreszenzausbeute von Aceton ϕ_{fl}.

5.2.2 Excimer-Laser

Bei den in dieser Arbeit eingesetzten Fluoreszenz-Anregungsschemata wurden simultan elektronische, vibratorische und rotatorische Übergänge des zu untersuchenden Moleküls Aceton angeregt. Zur Anregung sind, aufgrund des hohen energetischen Abstandes zwischen dem elektronischen Grundzustand und dem für die Fluoreszenzemission erforderlichen angeregten Zustand, hochintensive Lichtquellen im UV-Bereich erforderlich.

Das Lasersystem besteht aus einem gepulsten XeCl-Excimerlaser (Lambda Physik LPX 200) und einem PC zur Lasersteuerung. Excimerlaser sind Gaslaser, deren Lasertätigkeit auf der Besetzungsinversion von Excimeren beruht. Der Begriff Excimer leitet sich von dem englischen *excited dimer* ab, was angeregtes Dimer bedeutet. Ein Dimer ist ein Molekül, das aus zwei identischen Atomen (z. B. Ar_2) besteht und nur im elektronisch angeregten Zustand stabil ist. Systeme mit verschiedenartigen Atomen (z. B. XeCl oder KrF), die streng genommen Exciplexlaser (*excited state complex*) heißen müssten, werden heute i. d. R. ebenfalls als Excimerlaser bezeichnet. Excimerlaser besitzen eine relativ kleine Verstärkung und werden daher mit Hochspannungsentladungen gepumpt. Entstehen Excimere bei einem Elektronenstoß, so ist praktisch sofort eine Besetzungsinversion vorhanden. Das Gasgemisch befindet sich in einem Resonator, aus dem das entstehende gepulste Laserlicht mit Pulslängen um 20 ns durch einen teildurchlässigen Spiegel anschließend ausgekoppelt wird [70]. Als aktives Lasermedium werden Edelgashalogenid-Excimere eingesetzt, die je nach Gaszusammensetzung Licht mit unterschiedlicher Wellenlänge emittieren. Folgende Verbindungen, die typischerweise in Excimerlasern eingesetzt werden, sind hier mit den zugehörigen Emissionswellenlängen aufgezählt: XeF (351 nm), XeCl (308 nm), KrF (248 nm) und ArF (193 nm). In dieser Arbeit wird als aktives Lasermedium XeCl eingesetzt, der Excimerlaser besitzt mit dieser Gaszusammensetzung also eine Emissionswellenlänge von 308 nm, wobei sich die Pulsenergie mit Hilfe der Hochspannungsentladung kontinuierlich zwischen etwa 100 mJ (16 kV) und 400 mJ (24 kV) verändern lässt. Der Laser kann mit externen Ereignissen exakt synchronisiert werden, da der Zeitpunkt der Laserentladung durch externe Triggerung sehr genau (bis auf etwa 20 ns) festgelegt werden kann [10,81,115]. Die Bandbreite des Laserlichts beträgt etwa 1 nm, bei breitbandig absorbierenden Molekülen, wie beispielsweise bei Ketonen und Aldehyden, ist dies allerdings schmalbandig genug.

5.2.3 Tracer-LIF

Motoren werden gewöhnlich mit handelsüblichen Kraftstoffen betrieben, die aus einer Vielzahl unterschiedlicher Kohlenwasserstoffe bestehen (siehe dazu ebenfalls Abschnitt 4.1). Einige der enthaltenen Aromaten und Additive besitzen starke Absorptionsbanden im Anregungswellenbereich der hochenergetischen Laser und erschweren die Interpretation von LIF-Messungen, da eine Differenzierung des Fluoreszenzlichtes und damit ein Rückschluss auf die verschiedenen zu untersuchenden Stoffe praktisch nicht mehr möglich ist. Auch deswegen werden nicht-fluoreszierende Ersatzkraftstoffe, beispielsweise Mischungen aus n-Heptan und iso-Oktan, bei solchen optischen Untersuchungen eingesetzt. Um Aussagen über die Gemischverteilung treffen zu können, werden diesen Ersatzkraftstoffen fluoreszierende Tracersubstanzen beigemischt. Nicht jeder fluoreszierende Stoff ist allerdings als Tracersubstanz einsetzbar, da die Tracersubstanz einige Anforderungen erfüllen muss. Der ideale Tracer sollte sich möglichst gleich wie das zu untersuchende Fluid verhalten, dem er beigemischt wird [120, 150]:

- Eine homogene Mischbarkeit mit dem Kraftstoff sollte vorliegen.

- Das Verdampfungs- und Diffusionsverhalten sollte dem des Kraftstoffs ähnlich sein.

- Die Fluoreszenzintensität sollte direkt von der Teilchendichte abhängen und nicht durch weitere Umgebungseinflüsse beeinflusst werden.

- Die Substanz sollte mit dem zu untersuchenden System in keiner Weise wechselwirken.

In dieser Arbeit wurde zur Untersuchung der Gemischhomogenität Aceton (CH_3COCH_3) als Tracersubstanz gewählt, da diese Spezies aufgrund der C=O Doppelbindung starke Absorptionsbanden im UV-Bereich aufweist. Aceton kann bei einer Wellenlänge von 308 nm mit dem verwendeten leistungsstarken Excimerlaser sehr gut direkt angeregt werden. Die Fluoreszenzemission ist gegenüber dem Anregungslicht stark rotverschoben (350-550 nm) und lässt sich somit deutlich vom Streulicht unterscheiden. Bei der Verbrennung von Kohlenwasserstoffen tritt Aceton als Zwischenprodukt auf und zerfällt vor der Phase der starken Wärmefreisetzung [30]. Aceton, das in geringen Konzentrationen dem Kraftstoff beigemischt wurde, oxidiert während des Verbrennungsprozesses vollständig und ist im Abgas nicht mehr detektierbar. Dadurch ist eine eindeutige Unterscheidung zwischen Frischgas und Abgas möglich.

Des Weiteren gibt es eine Reihe von Untersuchungen über Aceton als Tracersubstanz. Untersuchungen zum Einfluss des Drucks auf die Fluoreszenzquantenausbeute zeigen, dass es mit steigendem Druck zu einer Zunahme der Fluoreszenzquantenausbeute kommt [120, 138, 150]. Bei Drücken wie sie bei der Kompression in Motoren auftreten ist das Fluoreszenzsignal jedoch relativ druckunabhängig und daher gut zur Bestimmung der Kraftstoffkonzentration geeignet [120]. Bei steigender Temperatur kommt es zu einer Abnahme der Fluoreszenzquantenausbeute, gleichzeitig jedoch auch zu einem Anstieg der Absorption. Das Fluoreszenzsignal nimmt mit steigender Temperatur pro Mol Aceton ab [120, 137].

5.3 Lichtschnittoptik

Dem Lasersystem ist eine Lichtschnittoptik nachgeschaltet. Sie dient dazu, einen zweidimensionalen Lichtschnitt im Brennraum zu erzeugen. Da zwischen Laser und Motorbrennraum eine Höhendifferenz und ein seitlicher Versatz besteht, muss der Laserstrahl über sechs Spiegel umgelenkt werden. Die Spiegel sind auf 45°-Halterungen angebracht, die wiederum an massiven Stäben auf translatorisch verschiebbaren Gestellen befestigt sind. Beim Aufbau der Lichtschnittoptik wurde darauf geachtet, dass für alle geplanten Versuche das bestehende System ohne große Umbaumaßnahmen eingesetzt werden kann. Die Lichtschnittoptik inklusive Laser ist ebenso wie die Bilderfassung entkoppelt vom Forschungsmotor und vom Vierquadranten-Elektromotor angeordnet, um eine Interaktion zwischen Versuchsträger und optischer Messtechnik, z. B. über Schwingungen, auszuschließen. Die Lichtschnittoptik besteht aus vier plankonvexen Zylinderlinsen aus Quarzglas mit Brennweiten f von 220 mm, 210 mm, 310 mm und 345 mm. Die erste Linse ist nach dem letzten Umlenkspiegel angeordnet, wobei zwischen Spiegel und Linse noch eine Blende angebracht wurde, um die Flanken des Laserlichtschnittes abzuschneiden. Die Linsen sind so angeordnet, dass jeweils zwei ein sogenanntes Keplerfernrohr bilden und fokussieren den Laserstrahl in seiner Höhe. Zwischen den letzten beiden Linsen ist eine weitere Blende angeordnet, welche den Laserlichtschnitt in der Breite beschneidet und einen homogenen Lichtschnitt gewährleisten soll. Mit dieser Linsenanordnung lässt sich ein zweidimensionaler Lichtschnitt mit einer Höhe von circa 200 μm im Fokus erzielen. In Relation zu dem circa 4 mm hohen Brennraum, bei Kolbenstellung in OT, ist somit von einem zweidimensionalen Lichtschnitt auszugehen. Tritt paralleles Licht durch den Quarzring, so besitzt der Lichtschnitt innerhalb des Brennraums aufgrund der Linsenwirkung des Ringes einen Divergenzwinkel von wenigen Grad [10].

5.4 Bilderfassung

Zur Bilderfassung dienen zwei ICCD-Kamerasysteme (*Intensified ccd*) von LaVision. Bei dem ersten Kamerasystem handelt es sich um eine FlameStar2F-System [89], bestehend aus einem Kamerakopf, einer Bildverstärkereinheit und einer CCD-Kontrolleinheit. Der

Kamerakopf besteht aus einem zweistufigen Bildverstärker, welcher über Glasfaserbündel mit dem CCD-Chip gekoppelt ist. Der Bildverstärker wird über die Bildverstärkereinheit angesteuert, der Verstärkungsfaktor ist dabei manuell stufenlos einstellbar. Das erfasste Bild auf dem CCD-Chip wird über die CCD-Kontrolleinheit und einen A/D-Wandler ausgelesen und die Daten analog zu einem Rechner übertragen. Dort werden sie in Echtzeit digitalisiert und es entsteht ein Bild mit 512 x 384 Bildpunkten und einer nominellen Dynamik von 16 bit. Der gesamte Prozess des Auslesens und der Speicherung wird durch die LaVision Software DaVis 6.2 gesteuert. Gestartet wird das betriebsbereite System durch eine externe Triggerung, generiert mit einem selbstentwickelten LabVIEW™-Programm (siehe Kapitel 5.5).

Der Bildverstärker bzw. dessen Photokathode (Typ S20) besitzt einen Spektralbereich von 190 nm bis 780 nm. In dem für Verbrennungsuntersuchungen wichtigen UV-Bereich bzw. tiefen VIS-Bereich (300 nm bis 400 nm) weist dieser Typ eine nahezu konstante Empfindlichkeit auf. Die Fläche des CCD-Chips beträgt 13.2 mm x 8.8 mm bei 576 x 384 Bildpunkten. Damit beträgt die Größe eines einzelnen Bildpunkts 23 μm x 23 μm und garantiert eine gute Ortsauflösung [89]. Die Kamera wird, um eine annähernd gleichbleibende Temperatur und somit einen relativ geringen Dunkelstrom zu gewährleisten, mit einem Peltier-Element und zusätzlicher externer Wasserkühlung abgekühlt. Dadurch wird das Signal zu Rausch Verhältnis verbessert. Die Bildaufnahme erfolgt senkrecht von oben durch die Quarzglasscheibe, die den Brennraum nach oben abschliesst. Das Fluoreszenzspektrum des verwendeten Tracers Aceton reicht vom UV- bis VIS-Spektralbereich [120]. Zur Detektion wird ein Kameraobjektiv (Typ UV-Nikkor, f 105 mm, 1:4.5, Nikon) eingesetzt, welches diesen Spektralbereich ohne große Absorptionsverluste transmittieren kann. Bei optischen Untersuchungen im Motorbrennraum ist das Auftreten von Streulicht ein häufiges Problem. Um dieses zu unterdrücken, wurde die Kolbenoberfläche geschwärzt. Zusätzlich wurde vor dem Kameraobjektiv ein WG 335 Langpassfilter (Dicke 3 mm, Schott [92]) angebracht, welcher den Wellenlängenbereich unter 335 nm blockt und damit das LIF-Signal zuverlässig vom anregenden Laserlicht (308 nm) trennt. Bei dem zweiten Kamerasystem handelt es sich um ein DynaMight-System [88], bestehend aus einem Kamerakopf und einer Bildverstärkereinheit. Die Bilderfassung und Verarbeitung erfolgt identisch zum oben beschriebenen FlameStar2F-System. Wobei die Digitalisierung in ein Bild mit 1024 x 1024 Bildpunkten und einer nominellen Dynamik von 64 bit erfolgt. Der gesamte Prozess des Auslesens und der Speicherung wird ebenfalls durch die LaVision Software DaVis 6.2 gesteuert. Die externe Triggerung erfolgt über dasselbe LabVIEW™-Programm wie im Fall des FlameStar2F-Systems. Bei dem verwendeten Bildverstärker bzw. dessen Photokathode (Typ S20) handelt es sich um denselben wie in dem Kamerakopf des FlameStar2F-Systems mit einem Spektralbereich von 190 nm bis 780 nm. Die Fläche des CCD-Chips beträgt allerdings 13.2 mm x 13.2 mm bei 1024 x 1024 Bildpunkten. Damit beträgt die Größe eines einzelnen Bildpunkts 13 μm x 13 μm und garantiert ebenfalls eine gute Ortsauflösung [88]. Aufgrund der im Vergleich zum FlameStar2F-System längeren Auslesezeit wird bei dem DynaMight-System Binning verwendet. Dabei werden jeweils zwei Spalten und Zeilen zusammengefasst, dies halbiert die Auslesezeit, aber mit 512 x 512 Bildpunkten ebenfalls die Ortsauflösung. Zur Unterdrückung von Dunkelstrom ist das DynaMight-System entsprechend dem FlameStar2F-System an eine externe Wasserkühlung angeschlossen. Die Bildaufnahme erfolgt, seitlich zum FlameStar2F Kamerakopf, senkrecht von oben durch die Quarzglasscheibe. Zur Detektion wird ein Kameraobjektiv (Typ Micro-Nikkor, f 200 mm, 1:4, Nikon) eingesetzt. Vor dem Kameraobjektiv wurde ein WG 345 Langpassfilter (Dicke 3 mm, Schott [92]) angebracht.

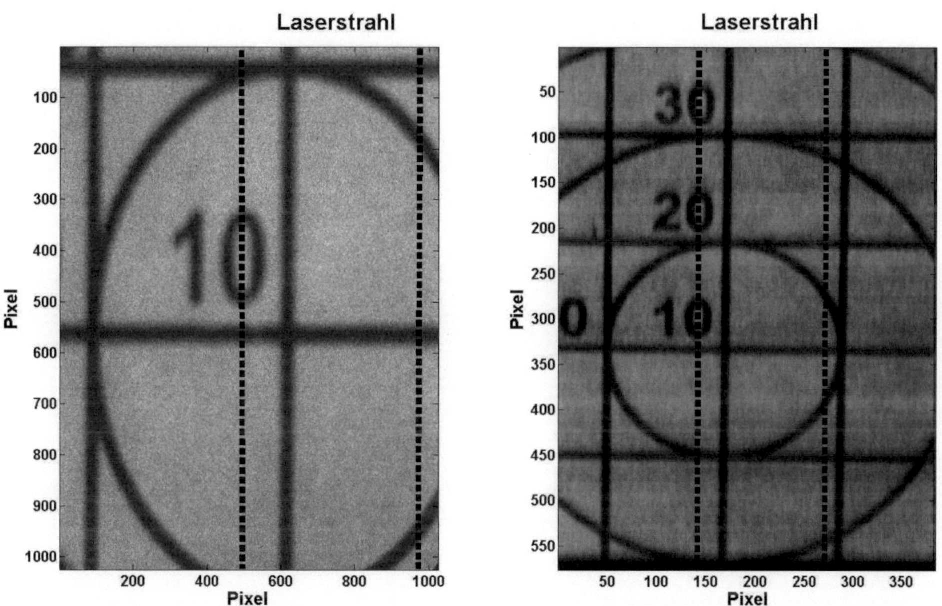

Abbildung 5.5: Maßstabsaufnahmen des DynaMight-Systems (links) und des FlameStar2F-Systems (rechts), mit Position des Laserstrahles.

Die Anordnung der beiden ICCD-Kameraköpfe wurde so gewählt, dass ein sich überschneidender Bereich des Brennraums abgebildet werden konnte. Aufgrund der unterschiedlichen Brennweiten der Optik ist der Bildausschnitt des DynaMight-Systems deutlich kleiner als der Bildausschnitt des FlameStar2F-Systems, welches annähernd den gesamten Brennraum beobachten kann. Dies verdeutlicht Abbildung 5.5, welche Maßstabsaufnahmen der beiden Kamerasyteme zeigt, wobei der Schnittpunkt die Mitte

des Brennraums kennzeichnet. Die Position des Laserlichtschnittes ist ebenfalls einge-
zeichnet. Die Richtung des Laserstrahles verläuft von der oberen Bildkante zur unteren.

5.5   Trigger- und Datenerfassungssystem

Zur Ablaufsteuerung und zur Messdatenerfassung wird ein System der Firma National
Instruments, bestehend aus zwei Datenerfassungskarten (PCI MIO 16E 4 und PCI 6259)
und dem Programm LabVIEW^{TM} [90] eingesetzt. Für die Steuerung und Erfassung der
einzelnen zeitlichen Abläufe wurde ein selbstentwickeltes LabVIEW^{TM}-Programm verwendet. Dieses Programm wird durch einen Referenzpuls (OT-Puls) des Drehwinkelgebers gestartet. Die interne Zeitbasis entspricht der Auflösung des Drehwinkelgebers
(0.1 °KW). Dies hat den Vorteil, dass eventuelle Drehzahlschwankungen ohne Auswir-
kung auf die Ablaufsteuerung bleiben. Das Steuerprogramm gibt mehrere Triggersignale aus, von diesen kontrolliert ein Triggersignal die Kraftstoffeinspritzung, also Einspritzbeginn und -ende (siehe Abbildung 5.1). Mit weiteren Triggersignalen können das
Lasersystem und die beiden Bilderfassungssysteme gestartet werden. Diese Umsetzung
ermöglicht eine einfache Anpassung der einzelnen Triggerzeitpunkte für unterschiedliche Messungen.

Zur Synchronisation von Laser- und Bilderfassungssystem werden zwei Delaygenera-
toren (Model DG 535, Stanford Research Systems, Inc.) verwendet. Der erste Delaygenerator teilt den Starttrigger des LabVIEW^{TM}-Programms in zwei getrennte Pulse. Der
erste aktiviert die Bilderfassung des FlameStar2F-System, der zweite wird um 83 μs verzögert und aktiviert das Lasersystem. Der zweite Delaygenerator wird durch den Laser
getriggert und erzeugt zwei Pulse zur Belichtung der ICCD-Kamerasysteme. Die Bilderfassung des DynaMight-Systems wird durch einen Trigger des LabVIEW^{TM}-Programms
direkt gestartet, da dieses System aufgrund der längeren Auslesezeit nur bei jedem drit-
ten Bild des FlameStar2F-Systems ebenfalls ein Bild erfasst.

Die Messdatenerfassung erfolgt simultan zur Ablaufsteuerung, ebenfalls kurbelwinke-
laufgelöst, über dasselbe LabVIEW^{TM}-Programm. Die von den Druckaufnehmern detek-
tierten Druckverläufe werden mit Hilfe von Ladungsverstärkern in Spannungssigna-
le transformiert und mit einer Datenerfassungskarte aufgezeichnet und anschließend
abgespeichert. Um die Systembedingungen abschätzen zu können, werden die Span-
nungsverläufe von Thermoelementen ebenfalls aufgezeichnet. Zusätzlich wird bei LIF-
Experimenten die Laserenergie vor und hinter dem Motorbrennraum erfasst. Zusätzlich
zu den erfassten Messdaten werden zu jeder Messung die einzelnen Einstellungen (Triggerzeitpunkte, Kraftstoff, ...) ebenfalls abgespeichert.

Kapitel 6

Ergebnisse

Mit Hilfe des selbstentwickelten Mehrzonenmodells werden die Einflüsse einzelner Parameter auf die HCCI-Verbrennung in Motoren untersucht. Zur Validierung des Modells wird in dieser Arbeit ein Vergleich mit experimentellen Ergebnissen aus zwei Versuchsmotoren durchgeführt. Dies ist zum einen der in Kapitel 5.1 vorgestellte optisch zugängliche Zweitakt HCCI-Forschungsmotor, der mit einer Mischung aus iso-Oktan und n-Heptan betrieben wurde und zum anderen ein Viertakt HCCI-Forschungsmotor, der mit dem Ersatzkraftstoff für Benzin (siehe Kapitel 4.1) betrieben wurde. Zu Beginn wird auf die Untersuchungen des Viertakt HCCI-Forschungsmotors eingegangen, anschließend werden die durchgeführten experimentellen Untersuchungen am Zweitakt HCCI-Forschungsmotor vorgestellt und die Ergebnisse mit Blick auf die Mehrzonensimulation diskutiert.

6.1 Untersuchungen am Viertakt HCCI-Forschungsmotor mit verschiedenen Einspritzstrategien

Die zum Vergleich herangezogenen experimentellen Untersuchungen an dem Viertakt HCCI-Forschungsmotor wurden im Rahmen des FVV-Forschungsvohabens „Benzinselbstzündung" am Institut für Kolbenmaschinen des Karlsruher Instituts für Technologie durchgeführt [113,114]. Die wichtigsten Daten des Forschungsmotors sind in Tabelle 6.1 zusammengefasst, eine detaillierte Beschreibung des verwendeten Motors findet sich in [113,114]. Als Basismotor dient ein BMW Rotax F650 Motorradmotor, an dem einige Veränderungen vorgenommen wurden. So wurde eine Benzin-Direkteinspritzung adaptiert und der Motor mit zusätzlichen optischen Zugängen versehen. Diese ermöglichen mit Hilfe von Endoskopen, Aussagen über die Lage von Zündherden und den Fortschritt der Verbrennung zu treffen. Der Motor wurde mit dem in Kapitel 4.1 vorgestellten Ersatzkraftstoff für Benzin betrieben. Bei den untersuchten Selbstzündungs-

Typ	BMW, Rotax F650
	wassergekühlter Motorradmotor
Zylinder	1
Bohrung	100 mm
Hub	84 mm
Hubraum	652 cm^3
Drehzahl	2000 min^{-1}
Verdichtungsverhältnis	11.5:1
Kraftstoff	Ersatzkraftstoff (Oktanzahl 95)

Tabelle 6.1: Daten des Viertakt HCCI-Forschungsmotors.

betriebspunkten handelt es sich um drei unterschiedliche Fälle. Durch verschiedene Einspritzzeitpunkte, bezogen auf den Zünd-OT (ZOT), (früh = 380 °KW v. ZOT, mittel = 320 °KW v. ZOT und spät = 260 °KW v. ZOT) konnte die Gemischhomogenität beeinflusst werden. Durch eine Anpassung der Steuerzeit „Auslass schließt" wurde für alle drei Fälle ein Kraftstoff/Luftverhältnis von annähernd $\phi = 1$ eingestellt. Zusätzlich zu den experimentellen Untersuchungen von Sauter [113] wurden von Hensel [57] am Institut für Kolbenmaschinen des Karlsruher Instituts für Technologie ebenfalls numerische Untersuchungen mit einem 3D CFD-Code (STAR-CD) durchgeführt. Hensel et al. [58] zeigten eine gute Übereinstimmung zwischen experimentellen Ergebnissen und 3D CFD-Simulationen. Dabei wurde die detaillierte Chemie in reduzierter Form über eine Fortschrittsvariable im CFD-Code berücksichtigt [57, 58, 114]. Obwohl dies ein effizientes Modell darstellt, ist die Rechenzeit dennoch sehr lang, da für jede Zelle des Strömungscodes der chemische Fortschritt berücksichtigt werden muss. Im Folgenden soll daher ein alternativer Ansatz vorgestellt werden. Mit Hilfe des in Kapitel 3.2 vorgestellten Mehrzonenmodells soll hier somit gezeigt werden, dass unter Berücksichtigung von detaillierten reaktionskinetischen Vorgängen, gekoppelt mit Informationen über Fluktuationen innerhalb des Brennraums, in einem ersten Schritt verlässliche Vorhersagen für Verbrennungsbeginn und -dauer möglich sind. Ebenfalls kann das qualitative Verhalten der Schadstoffemissionen korrekt wiedergegeben werden. Dies zeigt sich vor allem, wenn die Ergebnisse der Mehrzonenuntersuchung nicht nur dem Experiment und den 3D CFD-Simulationen gegenübergestellt werden, sondern ebenfalls durchgeführten nulldimensionalen Ergebnissen eines homogenen Reaktors. Der homogene Reaktor besitzt von allen drei numerischen Methoden zwar den Vorteil der geringsten Rechenzeit, liefert aber auch ungenaue Resultate bezüglich Größen wie zeitlicher Druckanstieg oder Verbrennungsschwerpunkt.

6.1.1 Homogener Reaktor

Die Untersuchungen zur Zündung eines homogenen Kraftstoff/Luft-Gemisches mit detaillierter Kinetik wurden mit Hilfe des Simulationstools HOMREA durchgeführt. Bei dem verwendeten detaillierten Reaktionsmechanismus handelt es sich um den in Kapitel 4.1 beschriebenen selbstentwickelten Mechanismus für den Ersatzkraftstoff für Benzin. Die Anfangsbedingungen aus den Motorversuchen wurden an die nulldimensionale Simulation übergeben, um den Prozess der Selbstzündung bei Variation des Einspritzbeginns zu analysieren. Tabelle 6.2 zeigt die Anfangsparameter der numerischen Untersuchung zum Zeitpunkt 60 °KW v. ZOT.

	Einspritzbeginn	λ	T	x_{Egr}	p
	°KW v. ZOT	-	K	-	bar
früh	380	1.16	703 / 727	64	3.33
mittel	320	1.13	701 / 724	65	3.29
spät	260	1.17	698 / 719	64	3.24

Tabelle 6.2: Anfangsparameter der numerischen Untersuchung.

Aus den experimentell ermittelten Zylinderdruckverläufen wurde direkt der Druck zu Simulationsbeginn bestimmt. Für alle drei Fälle wurde die gleiche Abgaszusammensetzung angenommen ($w_{Kraftstoff} = 0.004, w_{O_2} = 0.019, w_{N_2} = 0.724, w_{H_2O} = 0.079$ und $w_{CO_2} = 0.174$). Der Abgasanteil am Brennraumgemisch wurde mit eindimensionalen Simulationen für die verschiedenen Einspritzstrategien im Rahmen der CFD-Untersuchungen von Hensel [57,114] bestimmt. Die Anfangstemperaturen der Simulation entsprechen gemittelten Temperaturen aus den CFD-Untersuchungen von Hensel [57]. Diese CFD-Temperaturen zeigen allerdings aufgrund der zur Bestimmung herangezogenen Temperaturen aus dem Experiment eine gewisse Messungenauigkeit [57]. Es wurden daher sowohl Simulationen mit den gemittelten CFD-Temperaturen als auch um circa 25 K erhöhten Anfangstemperaturen durchgeführt (siehe Tabelle 6.2).

In Abbildung 6.1 sind die Zylinderdruckverläufe aus dem Motorversuch und der nulldimensionalen Simulation dargestellt. Die Abbildung zur linken zeigt einen Vergleich der Ergebnisse vom Motorversuch und der Simulation mit den gemittelten Temperaturen, wie sie direkt aus der CFD-Untersuchungen erhalten wurden (zur Bestimmung siehe Abschnitt 6.1.2). Bei einem frühen Einspritzbeginn ist die mittlere Gemischtemperatur und damit der Druck am höchsten. Daher kommt es in diesem Fall auch zuerst zur Zündung. Mit zunehmender Spätverlagerung der Einspritzung nimmt die zur Zündung notwendige Temperatur ab, dieses qualitative Verhalten zeigen ebenfalls 3D CFD-Untersuchungen für den verwendeten Motor [114].

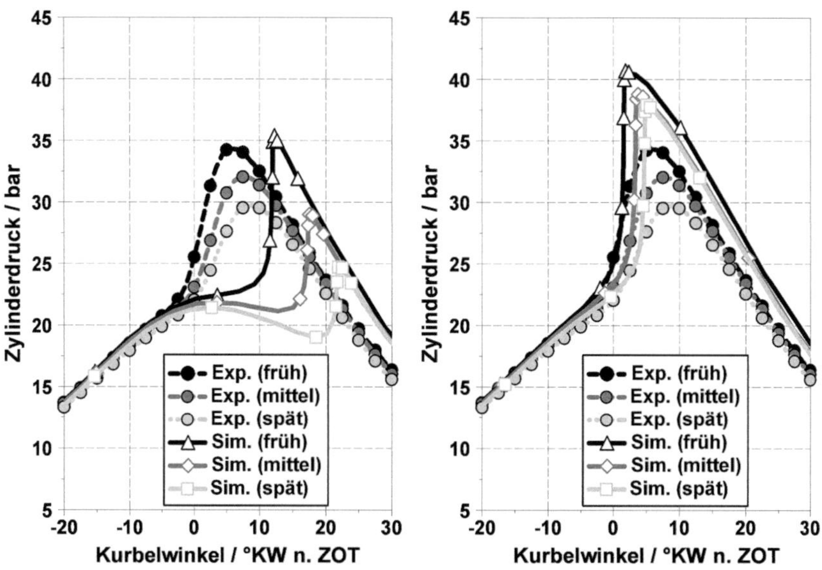

Abbildung 6.1: Experimentell gemessene und mit einem homogenen Reaktor berechnete Zylinderdruckverläufe für frühe, mittlere und späte Einspritzung. Anfangstemperatur gemittelt aus CFD-Rechnungen [57] (links) und um circa 25 K erhöhter Temperatur (rechts).

Der Motorversuch zeigt des Weiteren, dass der zeitliche Druckanstieg mit zunehmender Spätverlagerung aufgrund der geringeren Wärmefreisetzungsraten abnimmt, dieses Verhalten ist in der nulldimensionalen Simulation nicht zu erkennen. Da ein homogenes Gemisch reagiert, sind die zeitlichen Druckanstiege der Simulation für alle drei Fälle im Vergleich mit dem Experiment zu steil. Durch die homogene Zusammensetzung können ebenfalls keine Aussagen über die Abgasemissionen getroffen werden. Es zündet nur eine Zone, Bereiche mit niedrigen Temperaturen, wie sie an den Brennraumwänden vorkommen und die für die HC-Emissionen verantwortlich sind, werden bei der homogenen Betrachtung nicht berücksichtigt.

Die einzelnen Zündzeitpunkte liegen jedoch in allen drei Fällen im Vergleich zu den Motorversuchen zwischen 10 °KW und 20 °KW nach spät verschoben. Erhöht man die Anfangstemperaturen um circa 25 K (Abbildung 6.1 rechts) stimmen die Zündzeitpunkte zwischen Experiment und Simulation gut überein. Verschiedene Untersuchungen zeigen [6, 41, 81, 95, 126], dass zur genauen Beschreibung des innermotorischen HCCI-Verbrennungprozesses nicht die mittlere Temperatur oder die mittlere Gemischzusammensetzung die bestimmenden Größen sind, vielmehr spielen die Fluktuation einer oder mehrerer physikalischer Größen eine entscheidende Rolle. Daher müssen zur Beschreibung der HCCI-Verbrennung unterschiedliche Zonen berücksichtigt werden.

6.1.2 Mehrzonenuntersuchungen: Vorgehensweise

Das in Kapitel 3.2 vorgestellte Mehrzonenmodell wird dazu verwendet, um die Verbrennungs- und Zündungsvorgänge bei der innermotorischen HCCI-Verbrennung genauer untersuchen zu können, als dies durch einen homogenen Reaktor möglich wäre. Ziel ist es, in einem ersten Schritt qualitative Aussagen über die Wärmefreisetzung und die Abgasemissionen zu treffen und die Möglichkeiten des Modells aufzuzeigen. Um dies zu erreichen, müssen Fluktuationen, wie sie im Brennraum auftreten, berücksichtigt werden. Dazu sind Informationen über die Temperatur-, Gemisch- und Abgasinhomogenitäten notwendig. CFD-Untersuchungen liefern die für die Startbedingungen notwendigen Informationen [57]. Aus diesen ergeben sich für jede Zelle der CFD-Simulation Aussagen über die Temperatur, das Luft/Kraftstoff-Verhältnis und den Abgasmassenanteil, ohne Berücksichtigung von möglichen chemischen Reaktionen. Jedoch wird in der Mehrzonensimulation nicht jede Zelle einzeln berücksichtigt, da der Rechenaufwand zu umfangreich wäre. Vielmehr werden für eine reduzierte Anzahl von Zonen aus der Verteilung der einzelnen Größen (Temperatur, Luft/Kraftstoff-Verhältnis und Abgasmassenanteil) gemittelte Eingabeparameter (Zonenzusammensetzung, Zonentemperatur) bestimmt. Die experimentell gemessenen Zylinderdruckverläufe liefern den Anfangsdruck. Der Druck in den Zonen kann sich zeitlich ändern, zwischen den Zonen gibt es jedoch keine Druckunterschiede und somit keine Druckschwankungen innerhalb des Systems. Bei den durchgeführten Simulationen werden Wärmetransport und Massentransport zwischen den einzelnen Zonen und der Umgebung vernachlässigt.

Bevor auf die Diskussion der Simulationsergebnisse eingegangen wird, soll an dieser Stelle auf die Vorgehensweise bei den durchgeführten Untersuchungen eingegangen werden. Das verwendete Verfahren zur Bestimmung der Mittelwerte der einzelnen Zonen der Mehrzonensimulation zeigt Abbildung 6.2 am Beispiel des späten Einspritzzeitpunkts (260 °KW v. ZOT) während der Kompression (60 °KW v. ZOT). Das Verfahren ermöglicht es, den aus den CFD-Zellen aufgespannten Raum über Luft/Kraftstoff-Verhältnis, Abgasmassenanteil und Temperatur in verschieden große Bereiche aufzuteilen (λ, EGR, T - Unterraum). Im gezeigten Fall wurden die Zonen so gewählt, dass der Unterraum in die gleiche Anzahl von Zonen, für die jeweilige Größe, aufgeteilt wurde. Jede Achse wird dabei in vier gleichgroße Bereiche unterteilt und es entstehen dadurch 64 Rechtecke. Die dadurch erreichte Unterteilung wird im Weiteren als „Raster" bezeichnet; die in Abbildung 6.2 dargestellten 64 Rechtecke entsprechen somit einem 4/4/4 Raster (Luft/Kraftstoff-Verhältnis, Abgasmassenanteil und Temperatur). Die jeweiligen Mittelwerte der Rechtecke liefern die Bedingungen für die einzelne Zone bezüglich Luft/Kraftstoff-Verhältnis und Abgasmassenanteil. Die entsprechende Temperatur der Zone wird aus der Enthalpie des Rechtecks und der gemittelten Zusammensetzung bestimmt. Jede Zone repräsentiert einen entsprechenden Anteil an der Gesamtmasse, welcher sich aus der Summe der Massenanteile der sich im Rechteck befindlichen Zellen ergibt. Die Mehrzonensimulationen werden allerdings nicht mit 64 Zonen durchgeführt. Es treten innerhalb des Unterraums auch Rechtecke auf, in denen keine Zelle und damit auch keine Masse enthalten ist. So werden für den dargestellten Fall 30 Zonen bei der Simulation berücksichtigt.

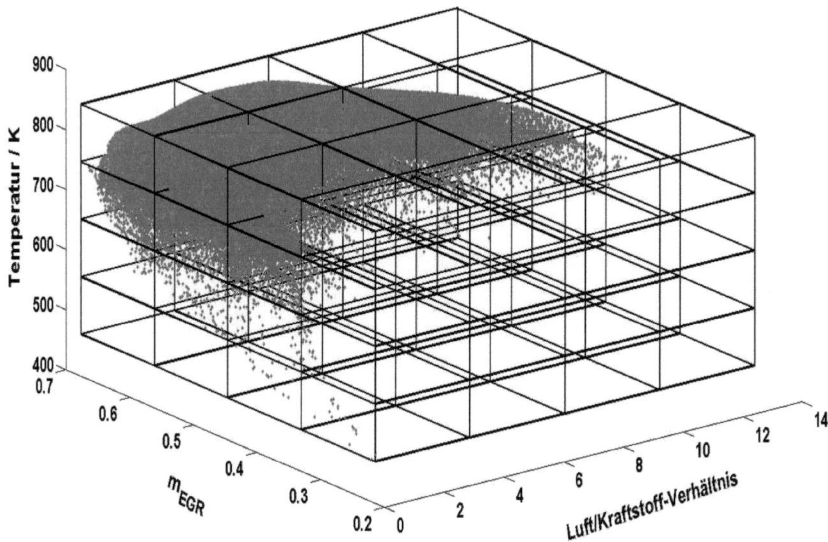

Abbildung 6.2: Schema der Zonenbestimmung für die Mehrzonensimulation bei einer Aufteilung in jeweils 4 Bereiche pro Größe (4/4/4 Raster). Jeder Punkt repräsentiert eine CFD-Zelle.

In Abbildung 6.3 sind die Unterräume von Luft/Kraftstoff-Verhältnis, Abgasmassenanteil und Temperatur der drei Einspritzzeitpunkte für $60\,°\mathrm{KW}$ v. ZOT einander gegenübergestellt. Es zeigt sich, dass die Verlagerung des Einspritzzeitpunkts zu unterschiedlichen Verteilungen der einzelnen Zellen führt (siehe dazu auch [57]). Bei späterer Kraftstoffeinspritzung kommt es aufgrund der kürzeren Zeit für die Gemischbildung zu deutlich ausgeprägten Inhomogenitäten im Brennraum. Der Kraftstoff wird in ein Frischgas/Restgas-Gemisch eingespritzt und die Verdampfungsenthalpie der Umgebung entzogen. Es bilden sich sehr magere, aber auch sehr fette Bereiche. Dabei sind die Bereiche mit den höchsten Kraftstoffanteilen auch die Bereiche mit den niedrigsten Temperaturen. Bei frühem Einspritzbeginn wird der Kraftstoff während der Ventilüberschneidung bzw. Zwischenkompression in das heiße Restgas eingespritzt. Aufgrund der hohen Restgastemperatur verdampft der Kraftstoff sehr schnell und mischt sich dabei mit dem Restgas [57]. Das Restgas kühlt sich daher im Verhältnis zum Frischgas mit geringem Kraftstoffanteil stärker ab und es bildet sich eine annähernd homogene Temperaturverteilung aus. Die aufgespannten Bereiche des Luft/Kraftstoff-Verhältnisses bei der frühen und mittleren Einspritzung sind sich dabei ähnlich, es gibt keine extrem mageren Bereiche wie im Fall der späten Einspritzung. Auch die Temperaturverteilung des mittleren Falls ähnelt dem frühen Einspritzzeitpunkt mehr als dem späten.

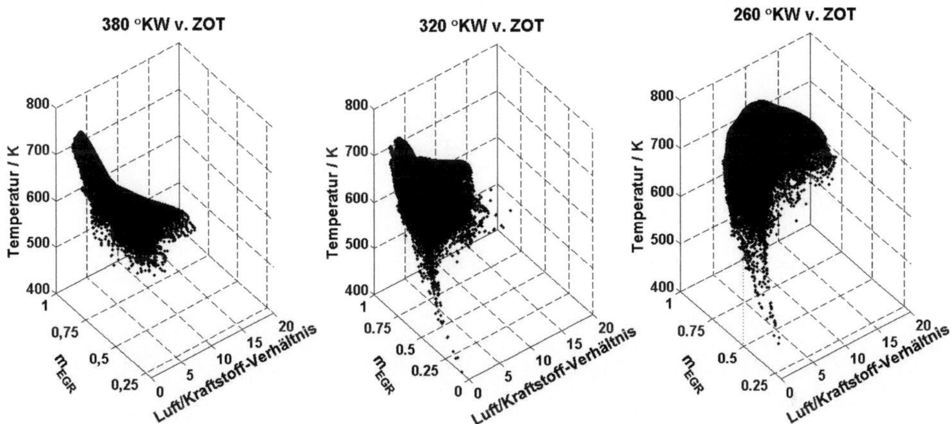

Abbildung 6.3: Zellenverteilung für frühen, mittleren und späten Einspritzzeitpunkt im λ, EGR, T - Unterraum zum Zeitpunkt 60 °KW v. ZOT.

6.1.3 Mehrzonenuntersuchungen: Ergebnisse

Der Verbrennungsprozess nach den drei unterschiedlichen Einspritzzeitpunkten, der in Kapitel 6.1.1 mit einem Einzonenmodell betrachtet wurde, wird nun mit Hilfe des Mehrzonenmodells simuliert. Dabei soll der Einfluss verschiedener Parameter auf die Zündung und den Verlauf der Verbrennung untersucht werden.

Vergleich Zonenanzahl

Aufgrund seiner grösseren Fluktuationen soll am Beispiel des späten Einspritzzeitpunkts der Einfluss der Anzahl bei der Mehrzonensimulation berücksichtigten Zonen untersucht werden. Dazu wurden Simulationen mit unterschiedlich feinen Aufteilungen durchgeführt: Von einem groben 2/2/2 Raster (6 Zonen), über 3/3/3 Raster (17 Zonen) und 4/4/4 Raster (30 Zonen) bis zu einem feinen 5/5/5 Raster (41 Zonen). Die Druckverläufe aus diesen Simulationen sowie der aufgezeichnete Druckverlauf des Experiments sind in Abbildung 6.4 dargestellt. Die Anfangstemperaturen wurden direkt aus den CFD-Untersuchungen übernommen, ohne die Messungenauigkeit von $\pm 10\,\mathrm{K}$ bei der Bestimmung der zugrundeliegenden gemessenen Temperatur zu berücksichtigen [57]. Das grobe 2/2/2 Raster zündet im Vergleich zum Experiment und den Simulationen mit feineren Rastern zu spät. Der Anteil der einzelnen Zonen an der Gesamtmasse ist aufgrund der entsprechend groben Zonenunterteilung höher als bei feineren Rastern.

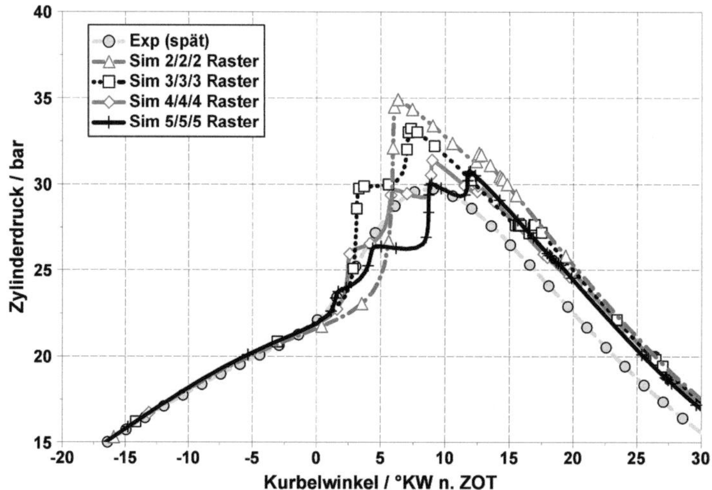

Abbildung 6.4: Mit dem Mehrzonenmodell (mit unterschiedlichen Rastern) berechnete und experimentell gemessene Zylinderdruckverläufe für späte Einspritzung.

Dies führt bei einer Zündung auch zu entsprechend steileren zeitlichen Druckanstiegen als im Experiment oder bei feinerer Unterteilung. Der Druckverlauf ähnelt daher auch dem Fall eines homogenen Reaktors, wobei nicht ganz dessen hohe Spitzendrücke erreicht werden ($p_{2/2/2} = 35\,\mathrm{bar} < p_{\mathrm{hom}} = 38\,\mathrm{bar}$). Durch die Verwendung eines recht groben Rasters werden Gemischinhomogenitäten nur in geringem Maße berücksichtigt. Dies ist dennoch ausreichend, damit nicht das komplette Gemisch gleichzeitig zündet. Dies zeigt sich in dem zweiten Druckanstieg während der Expansion (bei $12.5\,°\mathrm{KW}$ n. ZOT). Mit immer feineren Rastern, also besserer Auflösung des Zustandraums, kommt es auch zu einer besseren Übereinstimmung mit dem Druckverlauf des Motorversuchs. Der Einfluss einzelner Zonen auf den zeitlichen Druckanstieg nimmt aufgrund der abnehmenden Massenanteile der einzelnen Zonen ständig ab. Dies führt dazu, dass der zeitliche Druckanstieg niedriger wird, da die Zonen zeitlich verzögert reagieren und die Zündung einer Zone nicht mehr so stark gewichtet wird. Dies zeigt sich in den Druckverläufen der 3/3/3 Raster, 4/4/4 Raster und 5/5/5 Raster sehr gut. Eine Erhöhung der Zonenanzahl sorgt dafür, dass die Kurven besser mit den experimentell bestimmten Druckverläufen übereinstimmen. Dies stimmt mit Ergebnissen anderer Untersuchungen überein [41, 99]. Mit dem 4/4/4 Raster und 30 Zonen stimmt der Zündzeitpunkt gut mit dem Experiment überein und der Spitzendruck liegt nur circa 2 bar über dem Spitzendruck aus dem Motorversuch. Der maximale zeitliche Druckanstieg ist ebenfalls deutlich geringer als im homogenen Fall. Jedoch sind noch deutlich die Zündungen der einzelnen Zonen zu erkennen. Bei entsprechend vielen Zonen, ähnlich einer CFD-Simulation, würde sich aus den einzelnen Stufen im Druckverlauf ein geglätteter Verlauf ergeben. Das Mehrzonenmodell besitzt allerdings, im Vergleich zu CFD-Simulationen, nur eine kleine Zonenanzahl, bei welcher der Druckanstieg aufgrund der Zündung einer einzelnen Zone deutlich sichtbar bleibt. Daher wurde in Abbildung 6.5 zusätzlich zum berechneten Druckverlauf eines 4/4/4 Rasters der Verlauf des geglätteten berechneten Drucks dem experimentell ermittelten Druckverlauf gegenübergestellt. Der geglätte Druckverlauf stimmt mit dem Druckverlauf aus dem Experiment im Bereich der Zündung besser überein. Jedoch liegt der geglättete Druck weiterhin geringfügig oberhalb des gemessenen Drucks. Im Folgenden wird dennoch der berechnete Druckverlauf des Mehrzonenmodells verwendet, um das Verhalten der einzelnen Zonen weiterhin erkennen zu können. Des Weiteren muss ein Kompromiss zwischen Genauigkeit und Recheneffizienz eingegangen werden. Mit dem 5/5/5 Raster wurde keine deut-

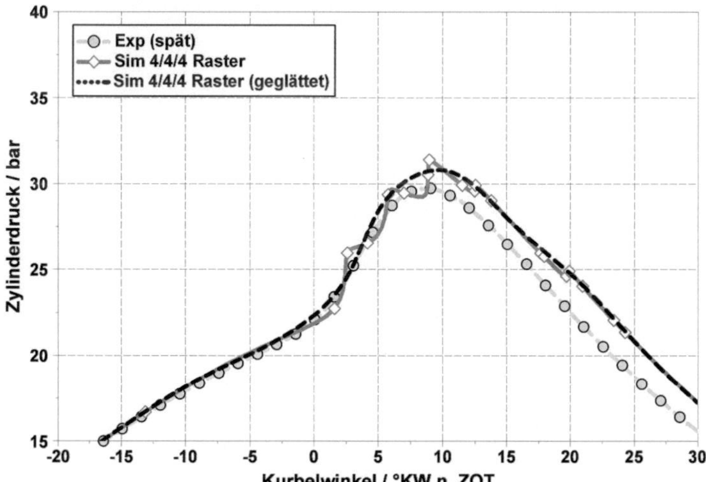

Abbildung 6.5: Mit dem Mehrzonenmodell mit 4/4/4 Raster berechnete, geglättete und im Experiment gemessene Zylinderdruckverläufe für späte Einspritzung.

liche Verbesserung der Ergebnisse erreicht, daher wurde für die weitere Betrachtung das 4/4/4 Raster gewählt, da es aufgrund der geringeren Rechenzeit deutliche Vorteile bietet. Die beste räumliche Auflösung, alle Zellen der CFD-Untersuchung, wäre mit einem detaillierten Reaktionsmechanismus nicht zu bewältigen, andererseits sind die Ergebnisse eines homogenen Reaktors hinsichtlich Aussagen über Emissionen oder zeitlichen Druckanstieg zu ungenau. Abbildung 6.6 zeigt den mit dem 4/4/4 Raster ermittelten Druckverlauf der Mehrzonensimulation und den aus dem Experiment erhaltenen Verlauf. Des Weiteren sind der Druckverlauf sowohl des homogenen Reaktors mit detaillierter Chemie als auch einer CFD-Untersuchung mit detaillierter Chemie in reduzierter Form (Fortschrittsvariablenmodell) [57] dargestellt. Bei deutlich geringerer Rechenzeit im Vergleich zur CFD-Simulation betragen die Unterschiede in den Druckverläufen nur wenige Bar. Das 4/4/4 Raster liefert daher den besten Kompromiss zwischen Recheneffizienz und Genauigkeit. In dieser Arbeit wurde, wie in Kapitel 3.2.1 erwähnt, der Wandwärmeverlust nicht berücksichtigt. Dies ist mit ein Grund, warum die Druckverläufe der Simulation während der Expansion über dem Druck des Experiments liegen. Des Weiteren führt dies zu einer Spätverlagerung des Spitzendrucks und einer Druckdifferenz zur CFD-Untersuchung. Durch ein geeignetes Wärmeverlustmodell sollten die numerischen und experimentellen Ergebnisse noch besser übereinstimmen. Die Berücksichtung des Massentransports (siehe Kapitel 3.2.1) durch ein geeignetes Modell würde das numerische Ergebniss zusätzlich weiter verfeinern.

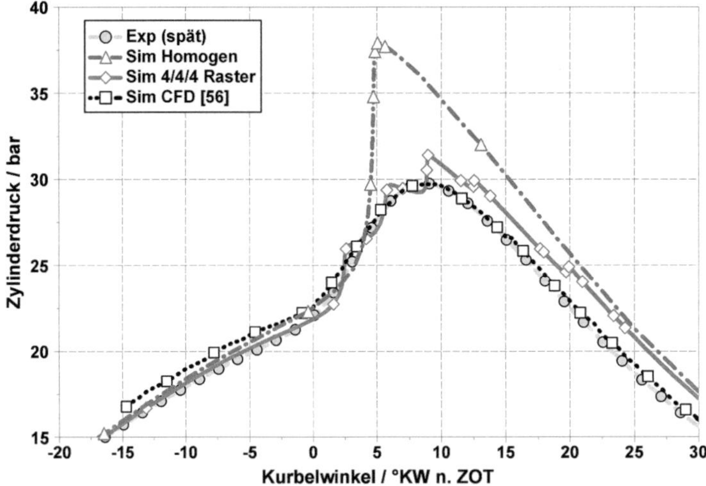

Abbildung 6.6: Mit dem homogenen Reaktor, dem Mehrzonenmodell mit 4/4/4 Raster und CFD [57] berechnete und experimentell gemessene Zylinderdruckverläufe für späte Einspritzung.

Vergleich Einspritzbeginn

Zum Vergleich der unterschiedlichen Einspritzzeitpunkte wurden nun Simulationen mit dem 4/4/4 Raster durchgeführt. Die durchgeführten Simulationen zeigen, entsprechend dem nulldimensionalen Fall, dass das qualitative Verhalten, die Spätverlagerung der Zündung mit späterem Einspritzzeitpunkt, wiedergegeben wird. Im Gegensatz zum homogenen Reaktor kommt es nicht zu einer schlagartigen Reaktion, sondern die Reaktionen in den einzelnen Zonen laufen zeitlich versetzt ab, da Inhomogenitäten im Brennraum durch die unterschiedliche Zusammensetzung und Temperatur in den einzelnen Zonen berücksichtigt werden. Damit ist der zeitliche Druckanstieg nicht so schlagartig wie in Abbildung 6.1 für den homogenen Fall dargestellt. Die Verbrennung findet über einen längeren Zeitraum statt und die Druckverläufe ähneln damit den Druckverläufen im Experiment. Im Fall des mittleren Einspritzzeitpunkts wird zwar der Zündzeitpunkt gut widergespiegelt, aber die weiteren Reaktionen laufen zu langsam ab. Der Druckverlauf spiegelt den experimentellen Fall nicht wider. Für den frühen und späten Fall werden die Druckverläufe besser wiedergegeben. Die Dauer der Verbrennung entspricht dem Experiment und auch die Spitzendrücke stimmen im Vergleich zum nulldimensionalen Fall gut mit dem Experiment überein. In Abbildung 6.8 sind die Tem-

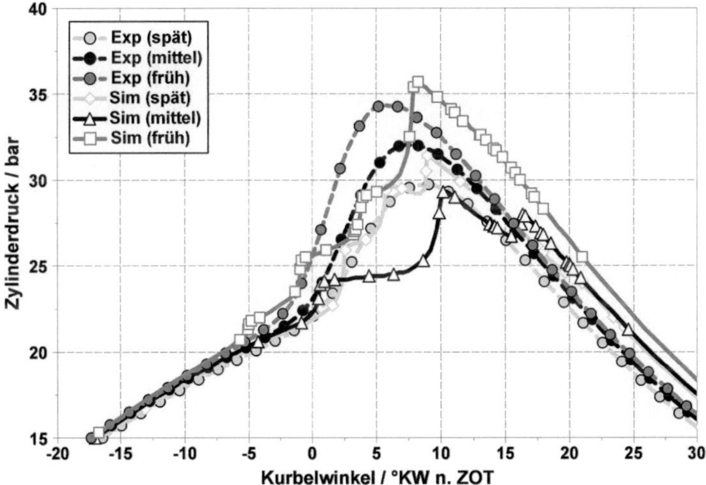

Abbildung 6.7: Mit dem Mehrzonenmodell berechnete und experimentell gemessene Zylinderdruckverläufe für frühe, mittlere und späte Einspritzung (4/4/4 Raster).

peraturverläufe der einzelnen Zonen (30 Zonen) für den späten Einspritzzeitpunkt mit 4/4/4 Raster über den Kurbelwinkel dargestellt. Im Vergleich zu dem homogenen Reaktor zeigt sich, dass die einzelnen Zonen nicht gleichzeitig reagieren. Vielmehr reagieren verschiedene Zonen zeitlich versetzt, dies führt zu unterschiedlichen Temperaturverläufen. Einen deutlichen Temperaturanstieg zeigt zuerst *Zone 12*. Dabei handelt es sich allerdings nicht um die Zone mit der höchsten Anfangstemperatur. Die *Zone 20* und *Zone 26* besitzen höhere Anfangstemperaturen. In *Zone 26* laufen keine Reaktionen ab, welche Kraftstoff umwandeln. Im Fall von *Zone 20* beginnen 20 °KW v. ZOT erste Reaktionen, welche Kraftstoff verbrauchen aber nicht zu einer Zündung führen. Die Reaktionen in

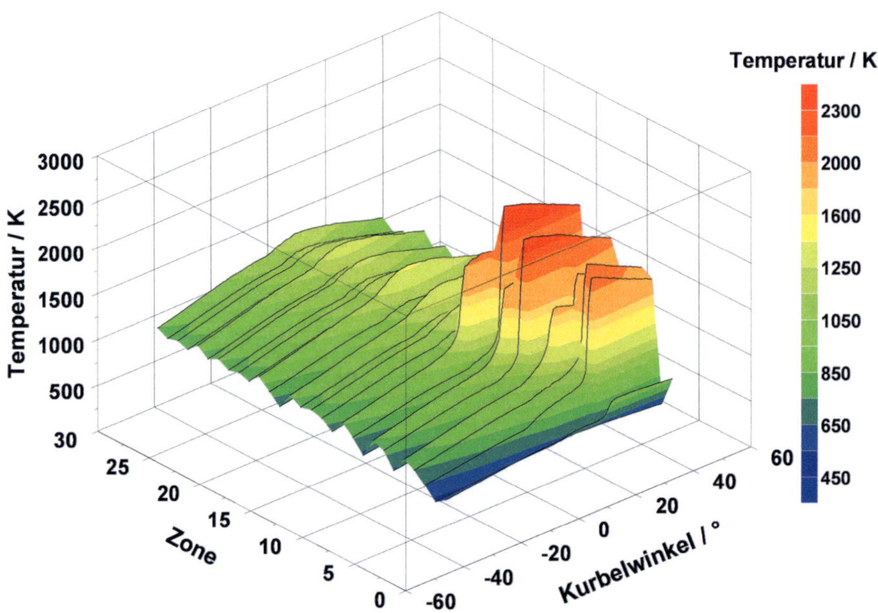

Abbildung 6.8: Verläufe der Temperatur der einzelnen 30 Zonen für späte Einspritzung und 4/4/4 Raster.

Zone 12 beginnen erst 10 °KW später. Die drei Zonen mit den höchsten Anfangstemperaturen besitzen einen sehr hohen Anteil an Abgas, dieses liefert die Enthalpie für die hohen Temperaturen. Im Vergleich zu *Zone 12* ist der Anteil an Kraftstoff in diesen Zonen aber sehr gering, so dass die Zonen ein extrem mageres Kraftstoff/Luft-Verhältnis aufweisen. Dies verhindert die Zündung in diesen Zonen. Des Weiteren sind die Massenanteile der Zonen sehr niedrig, so dass diese stark durch Zonen mit mehr Masse beeinflusst werden. *Zone 12* hingegen ist mit 23 Massenprozent die zweit größte Zone und besitzt neben einer ausreichend hohen Anfangstemperatur ein zwar mageres, aber noch zündfähiges Gemisch. Die Spitzentemperatur bei der Zündung erreicht *Zone 11*, diese Zone besitzt ein annähernd stöchiometrisches Kraftstoff/Luft-Verhältnis. Allerdings zünden nicht alle Zonen. Es gibt Zonen, bei denen zwar Reaktionen beginnen, aber es nicht zur Zündung kommt (z. B. *Zone 20*). Bei anderen Zonen (z. B. *Zone 1* und *Zone 3*) laufen überhaupt keine Reaktionen ab. Dies sind Zonen mit einem hohen Kraftstoffanteil und geringer Abgasrate, dies ergibt ein fettes Kraftstoff/Luft-Gemisch mit niedrigen Temperaturen. Der Massenanteil bei diesen Zonen ist noch geringer als bei *Zone 26*, dies ermöglicht eine starke Beeinflussung durch andere Zonen. Es können mit dem Mehrzonenmodell auf diese Weise unterschiedliche Brennraumbereiche berücksichtigt und deren Einfluss auf die innermotorische Verbrennung untersucht werden. Eine Herausforderung stellt die Bestimmung der exakten Anfangstemperatur aus dem Experiment dar. Diese ist allerdings nur mit einer gewissen Unsicherheit von ± 10K zu bestimmen [57]. Die Zusammensetzung und die Größe der einzelnen Zonen können allerdings, wie Abbildung 6.8 zeigt, nicht einfach vernachlässigt werden. Unter Berücksichtigung der Messungenauigkeit bei der Bestimmung der Temperatur wurden in dieser Arbeit die gleichen Simulationen wie in Abbildung 6.7 noch einmal durchgeführt, jedoch unter Berücksichtigung von um ± 10K variierten Anfangstemperaturen einzelner Zonen. Dabei wurden für den frühen Fall die neun Zonen, die als erstes reagieren, bei den beiden anderen Fällen jeweils die ersten vier Zonen in der Anfangstemperatur angepasst. Um die Reaktionen früher einzuleiten, wurden dazu die Anfangstemperaturen erhöht. Bei denjenigen Zonen, welche erst in der Expansionsphase zu einem Druckanstieg führten, wurde die Temperatur entsprechend reduziert. Die Ergebnisse der Simulationen sind in Abbildung 6.9 dargestellt.

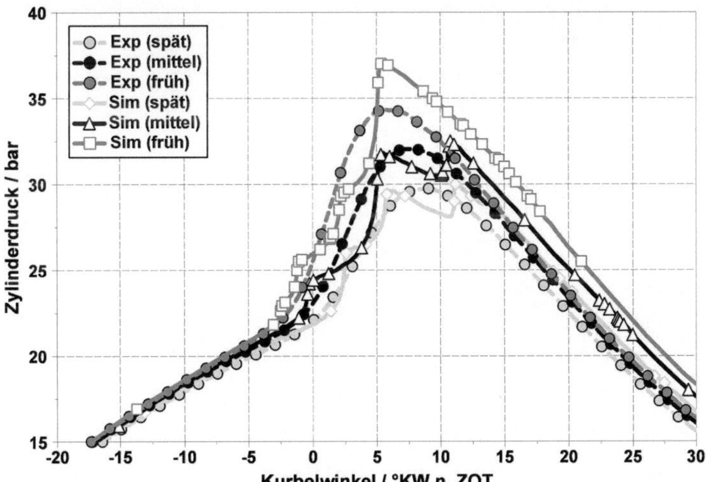

Abbildung 6.9: Mit dem Mehrzonenmodell berechnete und gemessene Zylinderdruckverläufe für frühe, mittlere und späte Einspritzung bei Berücksichtigung einer ± 10K Unsicherheit der Anfangstemperatur (4/4/4 Raster).

Die erhaltenen Druckverläufe stimmen nun besser mit den gemessenen Druckverläufen überein. Besonders für den mittleren Einspritzzeitpunkt, dessen Reaktionen in Abbildung 6.7 sehr spät einsetzen, ergibt sich eine deutliche Verbesserung bei der Wiedergabe des Druckverlaufs. Die Spitzendrücke liegen in allen drei Fällen etwas höher als im Experiment. Einer der Nachteile des homogenen Reaktors sind die ungenauen Vorhersagen über Abgasemissionen, Brenndauer und Spitzendruck. Dagegen liefern Mehrzonensimulationen genauere Vorhersagen bei, im Vergleich zu CFD-Simulationen, geringerer Rechenzeit. In Tabelle 6.3 sind die maximalen zeitlichen Druckanstiege in $\mathrm{bar/^\circ KW}$ sowie die $X_{10\%}$- und $X_{50\%}$-Umsatzpunkte des Kraftstoffs aus Experiment [113], dreidimensionaler CFD-Simulation [57] und der Simulation mit einem homogenen Reaktor und mit dem Mehrzonenmodell angegeben. Zur Bestimmung der Umsatzpunkte der Simulation wurden Druckverlaufsanalysen durchgeführt [59]. Der maximale zeitliche Druckanstieg wurde direkt aus dem simulierten Druckverlauf bestimmt. Wie schon

	Einspritzbeginn	$X_{10\%}$	$X_{50\%}$	$dp/d\alpha$
	°KW v. ZOT	°KW n. ZOT	°KW n. ZOT	bar/°KW
Experiment [113]	380	-2.6	1.6	2.6
	320	-1.1	4.7	1.8
	260	-1.0	4.3	1.5
CFD-Simulation [57]	380	-1.1	2.0	3.5
	320	0.2	3.9	1.9
	260	0.5	5.3	1.1
Homogener Reaktor	380	-3.1	1.2	13.3
	320	-1.7	3.1	9.9
	260	-0.8	4.2	11.3
Mehrzonenmodell (4/4/4 Raster)	380	-2.6	2.9	3.3
	320	-1.2	4.4	3.1
	260	-0.3	5.0	2.9

Tabelle 6.3: Resultate für charakteristische Größen der Verbrennung aus Experiment und Simulation.

bei der Vorstellung der Ergebnisse des homogenen Reaktors gezeigt, ist der homogene Reaktor für alle drei Einspritzzeitpunkte durch seinen sehr steilen zeitlichen Druckanstieg gekennzeichnet, der deutlich über den anderen Werten liegt. Das homogene Kraftstoff/Luft-Gemisch zündet in diesem Fall komplett, und es kommt daher zu diesen hohen Druckanstiegen und der sehr kurzen Umsatzzeit, welche in einem Bereich von nur 0.8 bis 1.7 °KW liegt. Das Mehrzonenmodell liefert hingegen Druckanstiege in der gleichen Größenordnung wie das Experiment und die CFD-Simulation. Allerdings weisen im Mehrzonenmodell noch einzelne Zonen Zündungen auf, daher ist der

Druckanstieg im Vergleich zu den experimentell bestimmten Werten immer noch etwas zu hoch. Die aus den Mehrzonenuntersuchungen bestimmten $X_{10\%}$-Umsatzpunkte stimmen sehr gut mit dem Experiment überein. Auch die Verbrennungsschwerpunkte ($X_{50\%}$-Umsatzpunkte) werden gut wiedergegeben, wobei diese aber tendenziell etwas später liegen als im Experiment oder der CFD-Simulation.

Das Mehrzonenmodell ermöglicht genauere Vorhersagen als dies bisher mit einem homogenen Reaktor möglich war - bei dennoch im Vergleich zur CFD-Simulation geringeren Rechenzeit und Berücksichtigung detaillierter Chemie. Durch eine bessere Auflösung des Brennraums (mehr Zonen) und durch die Berücksichtigung von Massen- und Wärmetransport zwischen den Zonen untereinander und mit der Umgebung sollte die Übereinstimmung zwischen Mehrzonenmodell und Experiment weiter verbessert werden. Es kommt zur Zündung weiterer Zonen und zu niedrigeren zeitlichen Druckanstiegen entsprechend dem schon beobachteten Verhalten des Mehrzonenmodells im Vergleich zum homogenen Reaktor. Durch die Erhöhung der Zonenanzahl im 5/5/5 Raster kommt es zu keiner verbesserten Übereinstimmung mit dem gemessenen Druckverlauf. Dies scheint allerdings der angewandten Methode zur Zonengenerierung (Abschnitt 6.1.2) geschuldet. Dabei wird durch die räumliche Aufteilung im λ, EGR, T - Unterraum die Zonenanzahl durch eine Berücksichtigung von Zonen mit geringer Masse, welche nicht zur Druckänderung beitragen, unnötig erhöht. Eine Methode, bei welcher die Randbereiche mit geringer Masse zusammengefasst und die Bereiche mit hoher Masse gezielt feiner unterteilt werden, sollte ebenfalls eine Konvergenzsteigerung erbringen.

6.2 Untersuchungen am Zweitakt HCCI-Forschungsmotor

Die notwendigen Informationen über Temperatur- und Gemischfluktuationen innerhalb des Gasgemisches wurden bei den Simulationen mit dem Mehrzonenmodell für den Viertaktmotor aus vorangegangenen CFD-Untersuchungen [57] gewonnen. Für die Mehrzonensimulationen war damit eine vorausgehende aufwendige CFD-Simulation notwendig, um die benötigten Informationen für die numerische Simulation bereit zustellen. Eine Methode, bei welcher direkt aus experimentellen Ergebnissen Informationen über Gemischfluktuationen getroffen werden können, wäre daher ein deutlicher Vorteil beim Einsatz des Mehrzonenmodells. Um dieses Ziel zu erreichen, sind allerdings Grundlagenuntersuchungen über das Verhalten des Motors und der verwendeten Tracerstoffe notwendig. Daher wurden mit Hilfe laserspektroskopischer Methoden an dem in Kapitel 5.1 beschriebenen Zweitakt HCCI-Forschungsmotor Untersuchungen durchgeführt, um Vorhersagen über die Bedingungen im Brennraum treffen zu können.

Neben den Untersuchungen zur Gemischbildung ohne Selbstzündung wurden ebenfalls experimentelle Chemilumineszenzuntersuchungen zur Verbrennung bei Betrieb
mit Selbstzündung durchgeführt. Begleitet wurden die experimentellen Untersuchungen durch numerische Untersuchungen. Diese wurden sowohl mit dem Mehrzonenmodell als auch mit einem homogenen Reaktor durchgeführt. Ziel dieser Untersuchungen
war es, ein besseres Verständnis über die ablaufenden Vorgänge im Brennraum während der Kompressionsphase und im Bereich des oberen Totpunkts, also kurz vor und
während der Selbstzündung, zu gewinnen.

6.2.1 Aceton LIF-Untersuchungen ohne Selbstzündung

Ziel dieser Untersuchungen ist es, eine verlässliche Aussage über die Fluktuation des
Kraftstoff/Luft-Gemisches im Brennraum zu treffen. Hierzu wurde dem Kraftstoff Aceton als Tracerstoff beigemischt, um über die Acetonverteilung im Brennraum Homoge-
nitätsaussagen für das Kraftstoff/Luft-Gemisch zu erhalten. Bei der Selbstzündung, wie
sie bei der HCCI-Verbrennung gewünscht ist, kommt es aufgrund der ablaufenden chemischen Reaktionen zu einer Umwandlung von Aceton in andere chemische Spezies.
Somit kommt es zu einer Verfälschung der gewünschten Informationen über die Gemischverteilung. Daher wurden die Untersuchungsbedingungen so gewählt, dass es zu
keiner Selbstzündung kommt und somit Umwandlungsreaktionen von Aceton weitestgehend vermieden werden.

Um dies zu erreichen, wurde der Motor bei diesen Untersuchungen mit iso-Oktan als
Kraftstoff betrieben, dem 10 Volumenprozent Aceton als Tracer beigemischt wurden.
Aufgrund seiner chemischen Struktur ist iso-Oktan ein stabiler Kraftstoff mit zündun-
willigem Verhalten. Auf die Vorheizung der Ansaugluft wurde ebenfalls verzichtet. Des
Weiteren wurde, durch die Verwendung zweier dickerer Dichtungen (2 und 3 mm) zwischen Quarzring und Quarzzylinder (siehe Abbildung 5.2), ein auf 15:1 abgesenktes
Kompressionsverhältnis erreicht. Dies führt zu niedrigen Spitzentemperaturen, die Geschwindigkeiten der chemischen Reaktionen nehmen ab und damit kann eine Selbstzündung verhindert werden. Die Öltemperatur des Motors wurde auf 60 °C eingeregelt.
Erst bei einem stationären Motorbetrieb sind verlässliche Aussagen über die Gemischverteilung möglich. Jede der durchgeführten Messreihen besteht daher aus 150 Arbeitsspielen mit eingeschalteter Einspritzung und anschließenden 100 Arbeitsspielen ohne
Einspritzung zum Spülen des Brennraums mit Frischgas. Die Einspritzung erfolgt in
das Kurbelgehäuse bei 25 °KW v. OT. Dem Kraftstoff und der Frischluft bleibt dabei
ausreichend Zeit zur Vermischung, da dieses Gemisch erst beim folgenden Ladungswechsel in den Brennraum gelangt. Die Einspritzdauer beträgt dabei 10.2 °KW. Diese
Einspritzdauer wurde auch bei den weiteren Untersuchungen mit Selbstzündung bei-

behalten. Aufgrund der Auslese- und Belichtungszeit der beiden Kameras ist es nicht möglich, mehrere Bilder pro Arbeitsspiel aufzunehmen. Aufeinander folgende Arbeitsspiele können ebenfalls nicht erfasst werden. Das Kamerasystem FlameStar2F ermöglicht bei jedem sechstem Arbeitsspiel eine Aufnahme, das DynaMight-System aufgrund der längeren Auslesezeit nur bei jedem 18. Arbeitsspiel. Bei jeder Messreihe wurden die Aceton LIF-Aufnahmen zu einem festen Kurbelwinkel aufgenommen. Der Kurbelwinkel wurde von Messreihe zu Messreihe so variiert, dass eine möglichst genaue Aussage über das Verhalten im Bereich des oberen Totpunkts getroffen werden kann. Die zur Auswertung herangezogenen Bildauschnitte wurden so positioniert, dass der komplette Ausschnitt innerhalb des Laserlichtschnittes liegt und keine Verschmutzungen, die vorzugsweise im Randbereich durch die Kolbenschmierung auftreten, enthalten sind. Die LIF-Intensitäten liefern kurbelwinkelaufgelöste Informationen über die Acetonkonzentration. Die Intensität ist nach folgender Gleichung ein Maß für die Konzentration des untersuchten Tracerstoffs [120]. Nach Gleichung 5.3 gilt:

$$S_{LIF} \propto n_{Aceton} \cdot \sigma_{abs}(\lambda, T) \cdot \phi_{fl}(\lambda, T) \quad .$$

Einen typischen Intensitätsverlauf für beide Kameras zeigt Abbildung 6.10. Zur Berück-

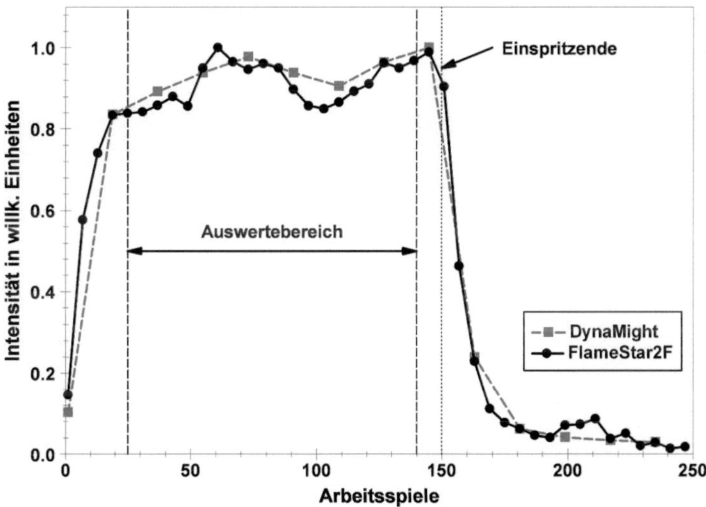

Abbildung 6.10: Intensitätsverläufe des DynaMight- und FlameStar2F-Kamerasystems bei einer Messreihe mit Aceton, bei 3 °KW v. OT.

sichtigung von Fluktuationen in der Laserenergie und des Untergrundrauschens der Aufnahmeoptik wird die Intensität nach folgendem Zusammenhang korrigiert:

$$S = \frac{S_{LIF,j}}{E_j} - \frac{S_{LIF,Referenz}}{E_{Referenz}} \quad . \tag{6.1}$$

Neben der Intensität des Messsignals j $S_{LIF,j}$ geht dabei auch noch die Intensität des Hintergrundrauschens $S_{LIF,Referenz}$ mit ein. Des Weiteren werden Schwankungen in der Laserenergie durch die Berücksichtigung der entsprechenden Laserenergien der Messung E_j und des Referenzbildes $E_{Referenz}$ korrigiert. Die Intensitäten der Kameras sind jeweils auf die maximale Intensität der jeweiligen Kamera normiert. Man erkennt, dass zu Beginn der Einspritzung ungefähr 25 Arbeitsspiele benötigt werden, bis sich eine annähernd konstante Intensität einstellt. Nach dem Ausschalten der Einspritzung nach 150 Arbeitsspielen nimmt die Intensität langsam wieder ab, bis sie einen vergleichbaren Wert wie zu Beginn der Messreihe erreicht. Zur Bestimmung des Mittelwertes der Intensitäten wurde ein Auswertebereich zwischen dem 25. und 140. Arbeitsspiel ausgewählt, da nach circa 25 Arbeitsspielen von einem stationären Betriebspunkt, bezogen auf die Gemischbildung, ausgegangen werden kann [140].

Die Bestimmung der Homogenität des Frischgasgemisches soll am Beispiel des Dyna-Might-Kamerasystems aufgrund seiner höheren räumlichen Auflösung bei der Aceton LIF-Untersuchung beschrieben werden. Als ein Maß zur Beschreibung der Homogenität wurde die normierte Standardabweichung der einzelnen Aufnahmen gewählt. Dazu wurde die Standardabweichung der Intensität jeder Aufnahme auf den Mittelwert der Intensität der jeweiligen Aufnahme bezogen. Über den Kurbelwinkel sind in Abbildung 6.11 die Resultate mehrerer Aufnahmen (die sich innerhalb des Auswertebereichs aus Abbildung 6.10 befinden) dargestellt. Des Weiteren wurde zusätzlich noch der Ver-

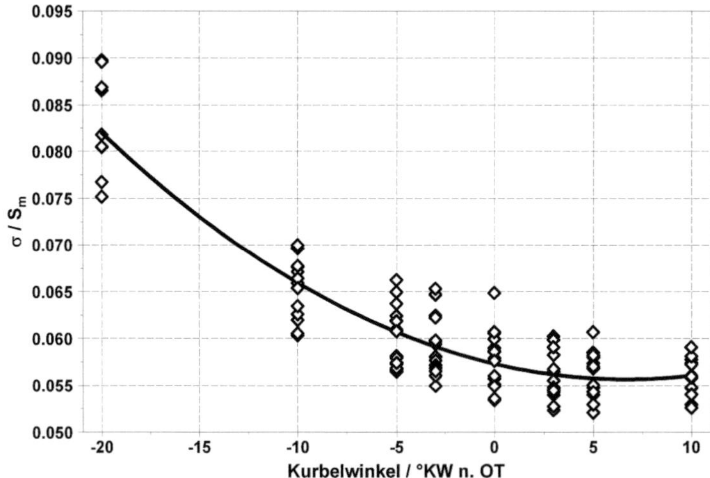

Abbildung 6.11: Resultierendes Profil der normierten Standardabweichung der Aceton LIF-Intensität σ/S_m (S_m bezeichnet die mittlere Intensität der Aufnahme) des DynaMight-Kamerasystems für unterschiedliche Kurbelwinkel.

lauf der mittleren normierten Standardabweichung für die einzelnen betrachteten Kurbelwinkel bestimmt und eingetragen. Zu frühen Zeitpunkten der Kompression ist die normierte Standardabweichung noch groß und die Maxima und Minima unterscheiden sich stark voneinander. Mit zunehmender Kompression kommt es ungefähr zu einer Halbierung der normierten Standardabweichung. Die absoluten Schwankungen der Standardabweichung zwischen den Aufnahmen nehmen ab, wobei die relative Schwankung konstant bleibt. Für die Kurbelwinkel nach OT, also bei einsetzender Expansion, stellt sich ein annähernd konstanter Wert für die normierte Standardabweichung ein. Im Vergleich zu Aufnahmen, die ausserhalb des verwendeten Auswertebereichs (Abbildung 6.10) liegen, ergeben sich normierte Standardabweichungen im Auswertebereich, die eine Größenordnung niedriger ausfallen.

In Abbildung 6.12 sind die normierten Mittelwerte der Aceton LIF-Intensität der Einzelaufnahmen einander gegenübergestellt. Dazu wurden für jede Messreihe die mittleren Intensitäten der Einzelaufnahmen für die einzelnen Kurbelwinkel gemittelt (FlameStar2F 21 Einzelaufnahmen und DynaMight 7 Einzelaufnahmen). Die Intensitäten wur-

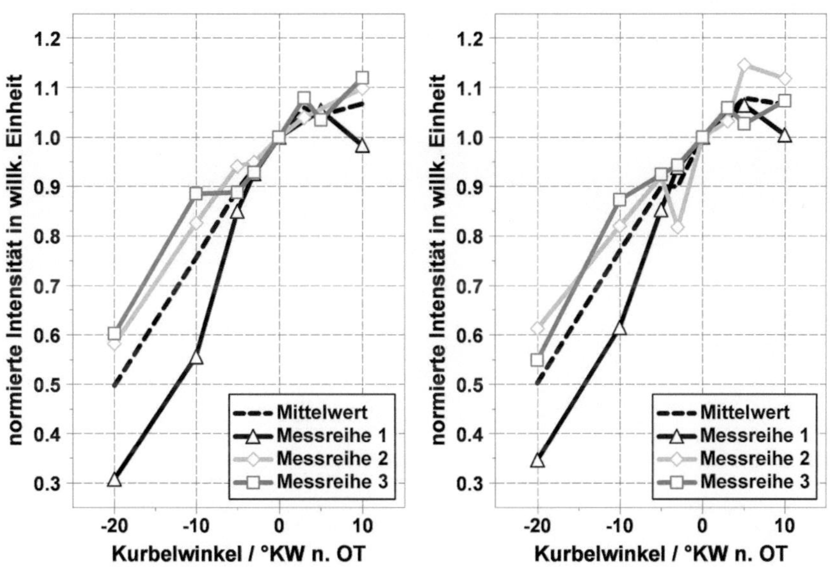

Abbildung 6.12: Aceton LIF-Intensitätsverlauf über den Kurbelwinkel, FlameStar2F- (links) und DynaMight-Kamerasystems (rechts).

den auf die Intensität zum Zeitpunkt OT der jeweiligen Messreihe normiert. Des Weiteren ist noch der Mittelwert aus den drei normierten Aceton LIF-Intensitätsverläufen dargestellt. Die Verläufe der beiden Kamerassysteme stimmen gut überein. Mit zunehmender Kompression kommt es zu einem Anstieg der Intensitäten. Das erhaltene Intensitätssignal ist nach Gleichung 5.3 proportional zur Teilchenanzahl des untersuchten Tracers Aceton. Bei Kenntnis des Volumens und unter der Voraussetzung, dass es zu keiner Zündung und damit zu keinem Verbrauch von Aceton kommt, sind somit Aussagen über die Gemischbildung und -homogenität möglich. Die Konzentration ist proportional zum Druck, der Druckanstieg während der Kompression führt daher zu einem Konzentrationsanstieg. Entsprechend erfolgt nach dem OT eine Konzentrationsabnahme aufgrund der Expansion des Gases. Aus den LIF-Untersuchungen (Abbildung 6.12) ergibt sich allerdings, dass das Maximum der Intensität nicht bei OT liegt, sondern vielmehr nach OT bei circa 8 °KW n. OT auftritt. Dies lässt sich allerdings durch eine zusätzliche Bildung von Aceton während der Kompression erklären. Bestätigt wurde dieses Verhalten durch numerische Untersuchungen. Durchgeführt wurden in dieser Arbeit Simulationen für einen homogenen Reaktor mit einem detaillierten iso-Oktan Mechanismus von Curran et al. [30], bestehend aus 859 Spezies mit 7295 Reaktionen. Als Kraftstoff diente iso-Oktan mit 10 % Aceton und einem Äquivalenzverhältnis von 0.3. Die Anfangstemperaturen der Simulation wurden variiert und beziehen sich dabei auf den Zeitpunkt 60 °KW v. OT, zu diesem Zeitpunkt sind die Überströmkanäle geschlossen und es kommt zu keinem Massenverlust über den Auslassschlitz. Aufgrund der Kom-

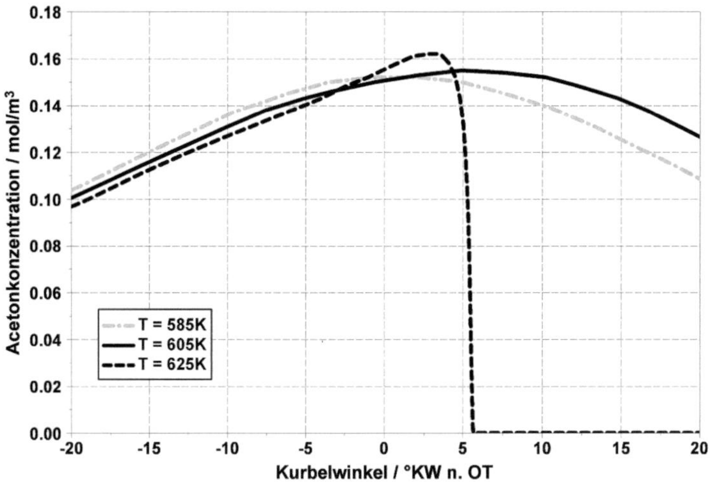

Abbildung 6.13: Verläufe der Acetonkonzentration für verschiedene Anfangstemperaturen der Simulation. Verwendeter Kraftstoff iso-Oktan mit 10 % Aceton und Äquivalenzverhältnis von 0.3.

pression und dem damit verbundenen Druck- und Temperaturanstiegs kommt es zu chemischen Reaktionen des Kraftstoffs. Diese Reaktionen produzieren zusätzliches Aceton, dessen Konzentrationsmaximum je nach Temperatur (siehe Abbildung 6.13) um OT schwankt. Bei niedrigen Temperaturen ist der Acetonkonzentrationsverlauf annähernd symmetrisch zu OT. Erhöht man die Temperatur aber nur um 20 K, ist das Maximum deutlich nach „spät" verschoben bei circa 5 °KW n. OT. Dies stimmt mit den experimentellen Beobachtungen überein. Bei weiterer Temperaturerhöhung kommt es zur Selbstzündung. Das Maximum tritt dabei kurz vor der Zündung auf, liegt in diesem Fall bei circa 4 °KW n. OT, mit einer deutlichen Abnahme der Acetonkonzentration bei der Verbrennung. Das Maximum verschiebt sich mit ansteigenden Temperaturen, analog zur Zündung, nach „früh".

Abbildung 6.14 zeigt für das Experiment und die Simulation das Verhalten der Teilchenanzahl für Aceton. Die Intensität ist proportional zur Teilchenanzahl, durch Normierung auf die Intensität bei 10 °KW v. OT ergibt sich ein normierter Verlauf der bestimmten Teilchenanzahlen der beiden Kamerasysteme. Die Teilchenanzahl aus der Simulation für eine Anfangstemperatur von 605 K ergibt sich aus der Acetonkonzentration und dem Brennraumvolumen. Die Teilchenanzahl für Aceton nimmt in der Simulation um cir-

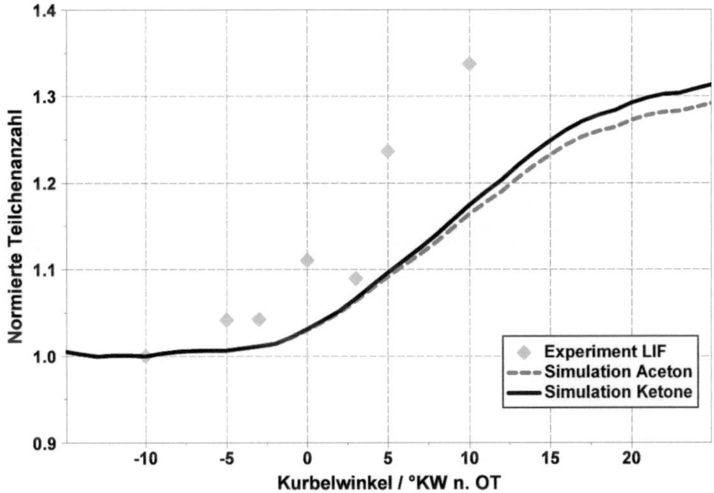

Abbildung 6.14: Auf 10 °KW v. OT normierte Teilchenanzahl des Tracers für verschiedene Kurbelwinkel. Numerische Werte für ein Äquivalenzverhältnis von 0.3 und eine Anfangstemperatur von 605 K, bestimmt aus der Konzentration für Aceton und weiterer Ketone (Aceton, 3-Pentanon, 2-Hexanon). Experimentelle Werte bestimmt aus der gemittelten LIF-Intensität der beiden Kamerasysteme.

ca 30 % bis zum Maximum bei circa 25 °KW n. OT zu. Im Experiment ergibt sich aus den gemittelten LIF-Intensitäten der beiden Kamerasysteme ein ähnliches Verhalten. So nimmt die Teilchenanzahl um circa 35 % zu und erreicht in dem betrachteten Kurbelwinkelbereich bei 10 °KW n. OT das Maximum. Allerdings ist das Maximum im Expe-

riment nicht nur höher als in der Simulation für Aceton, sondern der Anstieg verläuft
auch schneller. In der Simulation kommt es nicht nur zu einer Bildung von Aceton während der Kompression, sondern es werden auch weitere Ketone gebildet. Unter diesen
Ketonen befinden sich auch bekannte Tracerstoffe wie 3-Pentanon und 2-Hexanon. Diese Stoffe absorbieren Laserlicht in einem identischen Wellenlängenbereich wie Aceton
und emittieren in einem ähnlichen Spektrum. Für das Experiment bedeutet dieses Er-
gebnis, dass man nicht nur Aceton detektiert, sondern weitere Ketone angeregt werden.
Berücksichtigt man diese Ketone auch für die Teilchenanzahl der Simulation, ergibt sich
ein vergleichbares Maximum des normierten Teilchenverlaufs wie aus der LIF-Intensität
bestimmt. Die zeitliche Differenz in den Anstiegen bleibt allerdings erhalten. Ein Grund
könnte darin liegen, dass weitere gebildete Stoffe in der Simulation bezüglich ihrer Anregung nicht berücksichtigt wurden.

Damit ergibt sich für zukünftige LIF-Untersuchungen mit Tracern ein weiterer, bisher
wenig beachteter, Aspekt. Es kommt während der Kompression nicht zu einem Abbau
des Tracers, sondern vielmehr zur Bildung des Tracerstoffs. Bei entsprechenden Druck-
und Temperaturschwankungen kann dieser Effekt zu einer Verfälschung der Aussage
über die Gemischverteilung führen. Bei den auftretenden geringen Schwankungen dieser Größen im betrachteten Kurbelwinkelbereich und der verwendeten Tracerkonzen-
tration ist dieser Einfluss allerdings vernachlässigbar.

6.2.2   Motorbetrieb mit Selbstzündung

Aus den Aceton LIF-Untersuchungen ergibt sich eine homogene Gemischverteilung
im Brennraum für den Motorbetrieb ohne Selbstzündung. Aufbauend auf diesen Ergebnissen wurden erste Chemilumineszenzuntersuchungen an dem Forschungsmotor
bei Selbstzündungsbetrieb durchgeführt, wobei dabei auf die aufwendige Lasermesstechnik verzichtet wurde. Um einen stabilen Betrieb mit Selbstzündung sicher zu gewährleisten, wurden einige Veränderung bei der Versuchsdurchführung im Vergleich
zu den Aceton LIF-Untersuchungen ohne Selbstzündung vorgenommen. Dazu wurde die Ansaugluft auf circa 100 °C aufgeheizt und das Verdichtungsverhältnis durch
dünnere Dichtungen auf 25:1 erhöht. Die Zylinderwandtemperatur des Motors wurde auf 110 °C eingeregelt. Des Weiteren wurde ein Kraftstoffgemisch bestehend aus
40 % iso-Oktan und 60 % n-Heptan (RON 40) mit 10 % Aceton verwendet. Beim Motorbetrieb mit Selbstzündung wird nach 100 Arbeitsspielen die Einspritzung ausge-
schaltet und nach weiteren 20 Arbeitsspielen die Messreihe beendet. Bei der Untersuchung der Gemischhomogenität zeigte sich nach circa 25 Arbeitsspielen ein kon-
stantes Intensitätssignal (Abbildung 6.10). Für den Motorbetrieb mit Selbstzündung
wurde zusätzlich das Luft/Kraftstoff-Verhältnis mit einer Lambdasonde mitgemessen.

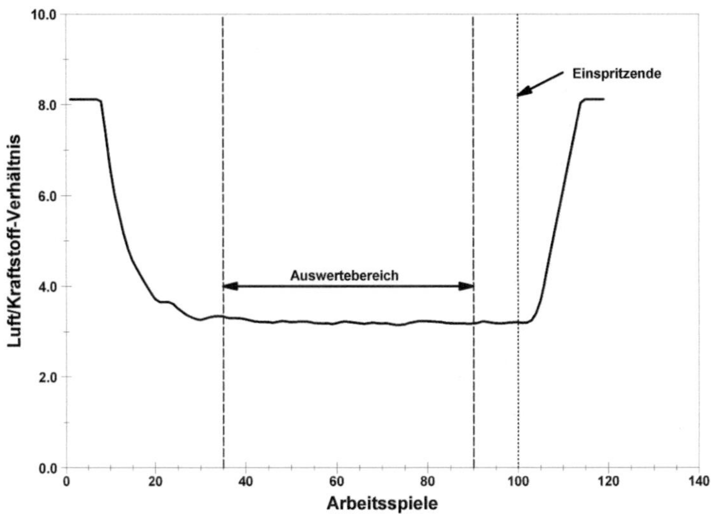

Abbildung 6.15: Verlauf des Luft/Kraftstoff-Verhältnisses bei Selbstzündung.

Einen typischen Verlauf des Luft/Kraftstoff-Verhältnisses für eine Messreihe zeigt Abbildung 6.15. Nach circa 35 Arbeitsspielen stellt sich dabei ebenfalls ein Betrieb mit konstantem Luft/Kraftstoff-Verhältnis ein, entsprechend dem Intensitätsverlauf. Nach dem Ausschalten der Einspritzung nach 100 Arbeitsspielen nimmt das Luft/Kraftstoff-Verhältnis wieder zu. Im Fall des Betriebs mit Selbstzündung wurde daher ein Auswertebereich zwischen dem 35. und 100. Arbeitsspiel gewählt.

Sick und Westbrook untersuchten für Biazetyl als Tracer den Einfluss des Tracers auf die HCCI-Verbrennung [121]. Aus ihren Untersuchungen ergab sich, dass sich bei niedrigen Temperaturen Biazetyl stabiler verhält als iso-Oktan. Dieses Verhalten ändert sich allerdings für Temperaturen über 1000 K. Ausgehend von diesen Erfahrungen wurden in dieser Arbeit mit dem detaillierten iso-Oktan Mechanismus von Curran et al. [30] entsprechende numerische Untersuchungen für Aceton als Tracer durchgeführt. Diese Untersuchungen zeigen ein ähnliches Verhalten. So kommt es bei Temperaturen, wie sie im verwendeten Forschungsmotor auftreten, bei Zumischung von Aceton zu einer Verlagerung der Selbstzündung nach „spät". Man erkennt in Abbildung 6.16, dass für einen homogenen Fall die Zumischung von 10 % Aceton den Zündzeitpunkt nach „spät" verlagert. Die Verzögerung beträgt dabei allerdings nicht einmal 0.5 °KW. Erhöht man den Acetonanteil auf 20 %, liegt die Verschiebung der Zündung immer noch unter 1.0 °KW. Der Einfluss von Aceton auf das Einsetzen der Selbstzündung erscheint daher bei den vorherrschenden Bedingungen als vernachlässigbar gering.

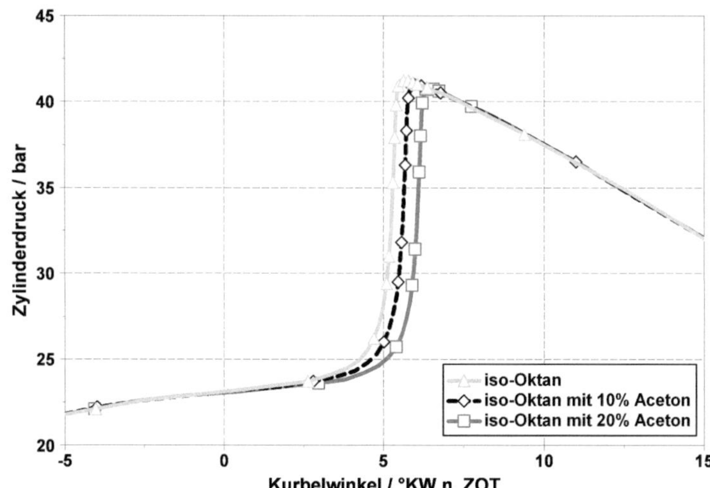

Abbildung 6.16: Druckverläufe für reines iso-Oktan, iso-Oktan mit 10 % Aceton und iso-Oktan mit 20 % Aceton Beimischung als Kraftstoff mit Äquivalenzverhältnis 0.3 und Anfangstemperatur 625 K.

Mit Hilfe der Druckverlaufsanalyse wurden für einzelne Arbeitspiele die Massenumsätze bestimmt [59,60]. Für zwei Messreihen zeigt Abbildung 6.17 einen Vergleich des Verbrennungsschwerpunkts für mehrere Arbeitsspiele und den daraus gefitteten Verlauf. Nach Beginn der Einspritzung braucht es circa zehn Arbeitsspiele bis es zu reproduzierbaren Verbrennungen kommt. Die ersten zehn Arbeitsspiele spiegeln den Motorstart wider. Die Verbrennungsschwerpunkte in diesem Bereich wurden in der weiteren Betrachtung nicht berücksichtigt. Die Ergebnisse aus den beiden Messreihen zeigen tendenziell ein ähnliches Verhalten, die Verbrennungsschwerpunkte weisen nur geringe Schwankungen auf. Nachdem sich ein stationärer Motorbetrieb eingestellt hat, liegen die Zyklusschwankungen bei ungefähr $\pm 3\,°$KW. Durch die ortsunabhängige Selbstzündung fallen die Schwankungen im Vergleich zu Ottomotoren mit ortsfester Zündquelle niedriger aus, ein Verhalten, das auch andere Autoren bei der HCCI-Verbrennung beobachteten [43,96,101,136]. Es ergibt sich demnach ein sehr stabiler Motorbetrieb mit Selbstzündung, wobei sich aufgrund der kontinuierlichen Aufheizung des Motors und des Brennraums der Verbrennungsschwerpunkt für spätere Arbeitsspiele leicht nach „früh" verlagert, sich zwischen dem 80. und 100. Arbeitspiel aber ein stationärer Punkt einstellt. Betrachtet man nur den Verlauf des Luft/Kraftstoff-Verhältnisses aus Abbildung 6.15, wäre, wie in Abschnitt 6.2.1, ab dem 35. Arbeitsspiel ein stationäres Luft/Kraftstoff-Verhältnis und damit eine Auswertung möglich. Bei Berücksichtigung der Lage der Verbrennungsschwerpunkte aus Abbildung 6.17 ergibt sich allerdings erst einige Arbeitsspiele später (ab dem 80. Arbeitspiel) ein deutlich stationäres Verhalten. Da die Schwan-

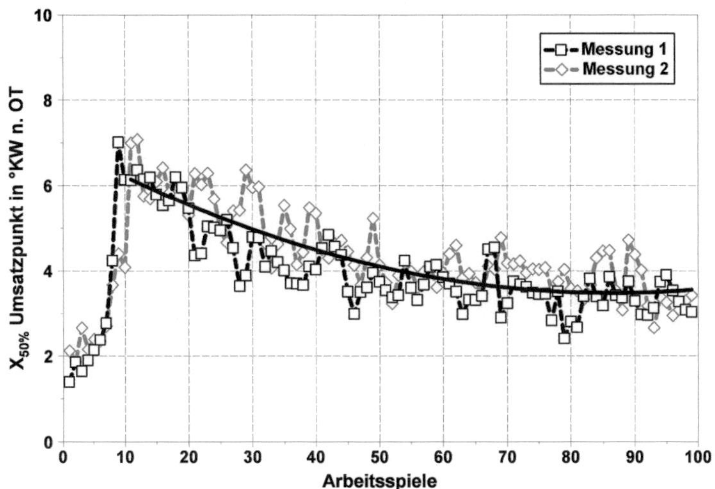

Abbildung 6.17: Schwankungen des Verbrennungsschwerpunkts bei Motorbetrieb mit Selbstzündung für zwei Messreihen und den daraus gefitteter Verlauf.

kungen aber ab dem 35. Arbeitsspiel schon niedrig sind und sich ein mittlerer Verbrennungsschwerpunkt von circa 4 °KW n. OT einstellt, liegt der Auswertebereich so, dass die Chemilumineszenz und der Druckverlauf zwischen dem 35. und 100. Arbeitspiel betrachtet werden können.

Im Gegensatz zu den Aceton LIF-Untersuchungen, welche eine homogene Gemischverteilung zeigten, ergeben sich aus den Chemilumineszenzaufnahmen Inhomogenitäten, welche zu zeitlich und räumlich versetzten Reaktionen des Gemisches führen. Diese Inhomogenitäten entstehen durch unterschiedliche Vermischungen des homogenen Kraftstoff/Luft-Gemisches mit zurückgehaltenen Abgas. Dies ist in den Aceton LIF-Untersuchungen ohne Selbstzündung nicht zu erkennen, da in diesem Fall das „Abgas" die gleiche Zusammensetzung wie das Frischgas besitzt. Durch die unterschiedliche Vermischung mit Abgas enstehen nicht nur Gemischinhomogenitäten, sondern auch Temperaturfluktuationen. Gemeinsam führen beide Effekte dazu, dass einzelne Bereiche im Brennraum zeitlich versetzt zu reagieren beginnen.

Abbildung 6.18 zeigt den gemittelten Massenumsatzverlauf aus der Druckverlaufsanalyse. Dazu wurden die 66 Arbeitsspiele zwischen dem 35. und 100. Arbeitsspiel einer Messreihe berücksichtigt. Insgesamt wurde über fünf Messreihen gemittelt, so dass sich der gemittelte Massenumsatzverlauf aus 330 einzelnen Arbeitsspielen zusammensetzt. Neben einer Druckverlaufsanalyse wurde eine alternative optische Methode über

Chemilumineszenzbetrachtung zur Bestimmung des Massenumsatzverlaufs verwendet. Die Chemilumineszenzaufnahmen reduzieren die dreidimensionale Lichtemission durch Integration über die Brennraumhöhe in eine zweidimensionale Information. Dadurch geht jedoch die Tiefeninformation der Verbrennungssignale verloren. Dies stellt

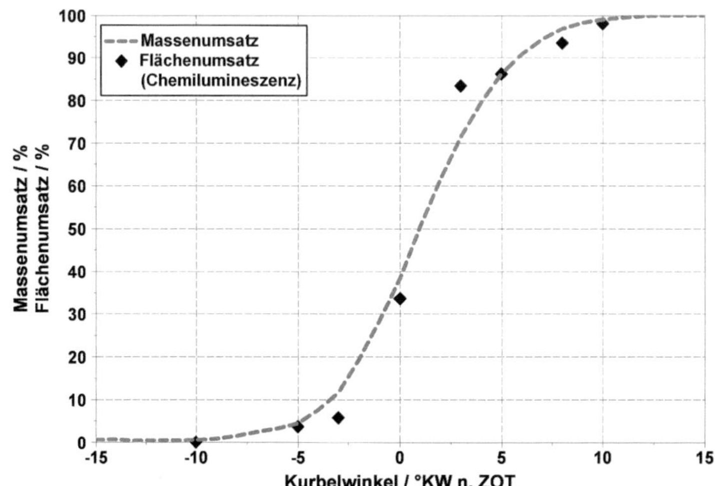

Abbildung 6.18: Brennverläufe aus Druckverlaufsanalyse (Massenumsatz) und Chemilumineszenzuntersuchungen (Flächenumsatz).

keinen Nachteil dar, da für den Massenumsatzverlauf der Anteil der verbrannten Masse des eingesetzten Kraftstoffs interessiert und die Masse proportional zum Volumen ist. Chemilumineszenz kennzeichnet Bereiche, bei denen Verbrennung auftritt und dabei in der Flamme Lichtemission stattfindet. Aus den Chemilumineszenzaufnahmen wurde qualitativ auf den Massenumsatzverlauf geschlossen, indem die Bereiche mit Verbrennung (Fläche mit Chemilumineszenz) auf den kompletten Aufnahmebereich (Gesamtfläche des Bildausschnitts) bezogen wurden. Dazu wurden die einzelnen Chemilumineszenzaufnahmen des DynaMight- Kamerasystems untersucht und als Schwelle für eine stattfindende Verbrennung eine Intensität gewählt, welche über der mittleren Intensität der Hintergrundaufnahme ohne Einspritzung und Verbrennung für den jeweiligen Kurbelwinkel liegt. Zur Auswertung wurden nur die Aufnahmen herangezogen, die für die jeweilige Messreihe im Auswertebereich von Abbildung 6.15 lagen, also ohne Berücksichtigung des Motorstarts. Der Bildauschnitt ist identisch mit dem Ausschnitt bei den Aceton LIF-Aufnahmen. Dabei wird der Brennraumrand, um Flammenlöschung an der Zylinderwand nicht zu erfassen, nicht berücksichtigt. Auf den Einsatz von Filtern, die bestimmte Wellenlängenbereiche unterdrücken, wurde bei den Chemilumineszenzuntersuchungen ebenfalls verzichtet. Es zeigt sich eine gute Übereinstimmung zwischen dem Massenumsatzverlauf aus den Chemilumineszenzaufnahmen (Flächenumsatz) und der Druckverlaufsanalyse (Massenumsatz). Aus der Untersuchung des Flächenumsatzes ergibt sich, dass die Verbrennung bei circa 2.5 °KW v. OT beginnt ($X_{10\%}$-Umsatzpunkt) und nach circa 6.5 °KW n. OT ($X_{90\%}$-Umsatzpunkt) weitestgehend abgeschlossen ist. Der Massenumsatzverlauf der Druckverlaufsanalyse zeigt, dass die Verbrennung im Vergleich zu der Bestimmung über die Chemilumineszenzaufnahmen etwas früher beginnt ($X_{10\%}$-Umsatzpunkt bei 3.5 °KW v. OT). Die Verbrennung ist mit einem $X_{90\%}$-Umsatzpunkt bei circa 6 °KW n. OT auch etwas füher zu Ende, allerdings ist die Verbrennungsdauer mit circa 10 °KW für bei beiden Auswertemethoden identisch. Der Verbrennungsschwerpunkt liegt ebenfalls für beide Methoden bei circa 1 °KW n. OT. Die kurze Brenndauer von 10 °KW, im Vergleich zu fremdgezündeter Verbrennung, passt dabei gut zu den in der Literatur angegebenen kurzen Brenndauern [51,87,96].

6.2.3　Mehrzonensimulation zur Selbstzündung

Mit Hilfe des selbstentwickelten Mehrzonenmodells lassen sich nicht nur bekannte experimentelle Ergebnisse überprüfen. Es können vielmehr Aussagen über den Einfluss unterschiedlicher Parameter auf den zeitlichen Druckanstieg, den Verbrennungsschwerpunkt oder auch die zu erwartenden Abgasemissionen getroffen werden. Dies liefert zum einen die Möglichkeit, noch vor Beginn experimenteller Untersuchungen die Bedeutung einzelner Parameter zu bestimmen und den experimentellen Aufbau notfalls auch dahingehend zu modifizieren. Zum anderen hilft es aber auch, bestehende Probleme zu erklären und Lösungen anzubieten. Mit dem Mehrzonenmodell wurden Parameteruntersuchungen zur Selbstzündung im Zweitakt HCCI-Forschungsmotor durchgeführt. Als Grundlage für die notwendigen Eingabegrößen dienten die Ergebnisse der experimentellen Untersuchungen am Zweitakt HCCI-Forschungsmotor. Auf zusätzliche numerische Untersuchungen zur Bestimmung der Anfangsparameter (wie in Kapitel 6.1.3) wurde an dieser Stelle verzichtet.

Die Simulation beginnt wie schon bei den LIF-Untersuchungen erst nach Ende des Ladungswechsels, das heißt nachdem die Überströmkanäle geschlossen sind und der Brennraum damit abgeschlossen ist. Der entsprechende Brennraumdruck wird direkt aus dem Experiment übernommen. Die Simulationen wurden mit einem detaillierten Mechanismus für PRF-Kraftstoffe bestehend aus Mischungen von n-Heptan und iso-Oktan durchgeführt [4]. Der Mechanismus erlaubt durch seine 669 Reaktionen und 97 Spezies mit geringen Rechenressourcen schnell zu detaillierten Ergebnissen zu gelangen und ermöglicht somit auch die Untersuchung von Parametervariationen. Aus einem Abgasgemisch und Kraftstoff/Luft-Gemisch wird für jede einzelne Zone die entsprechende Gemischzusammensetzung und Temperatur berechnet. Bei der Untersuchung wurden verschiedene Parameter in den Simulationen variiert. Neben den Untersuchungen der Fluktuation der Abgasrate, durch Variation des Mittelwerts und der Standardabweichung wurde eine Variation für unterschiedliche Äquivalenzverhältnisse und Oktanzahlen durchgeführt.

Variation der Abgasrate

Erste Untersuchungen zum Einfluss von Temperaturfluktuationen in homogenen mageren Kraftstoff/Luft-Mischungen mittels eines Ensembles unabhängiger homogener Reaktoren zeigten, dass durch Variation des Temperaturmittelwerts und der Standardabweichung der Zündbeginn und die Wärmefreisetzung in weiten Bereichen geregelt werden können [116]. Ausgehend von diesen Ergebnissen wurde dann das in Kapitel 3.2 vorgestellte Modell entwickelt. Mit diesem Modell wurden Untersuchungen zur Gemischinhomogenität durchgeführt [119]. Die Chemilumineszenz, die im Betrieb mit Selbstzündung untersucht wurde, liefert die notwendigen Informationen für die Untersuchungen zum Einfluss der Fluktuationen der Abgasrate. Die Intensitäten liefern qualitative Aussagen darüber, ob ein Bereich schon gezündet hat und inwieweit erste Reaktionen ablaufen. Aufgrund des in der Aceton LIF-Untersuchung bestimmten homogenen Frischgasgemisches stammen die beobachteten Unterschiede in den einzelnen Bereichen aus der unterschiedlich starken Vermischung des Frischgases mit zurückgehaltenem Abgas. Dies führt zum einen zu Bereichen mit unterschiedlicher Gemischzusammensetzung und gleichzeitig auch zu Temperaturfluktuationen. Die Bereiche mit hohem Abgasanteil sind dabei auch die Bereiche mit den höchsten Anfangstemperaturen. Falls das Gemisch nicht einen zu hohen Abgasanteil hat und dadurch zu mager ist, sind dies auch die Bereiche mit Verbrennung und damit hohen Signalintensitäten. Aus Einzelaufnahmen vor OT wird die mittlere Verteilung der Signalintensität der Chemilumineszenz bestimmt. Es zeigt sich, dass die Bereiche mit niedriger Intensität dominieren und die Bereiche mit hohen Intensitäten jeweils nur einen geringen Anteil ausmachen. Die PDF der gemittelten Signalintensitäten über 65 Einzelaufnahmen zeigt Abbildung 6.19. Um Hintergrundrauschen nicht zu berücksichtigen, wurde die Signalintensität erst oberhalb der mittleren Intensität der zuvor aufgenommener Hintergrundbilder betrachtet. Die Signalintensität deckt einen sehr weiten Bereich ab. Dabei treten die hohen Intensitäten nur mit sehr geringer Wahrscheinlichkeit auf. Mit steigender Intensität nimmt die Wahrscheinlichkeit erst zu, erreicht bei etwa 470 das Maximum und fällt anschließend schnell auf ein vernachlässigbares Niveau von fast null. Auf diesem Niveau bleibt die Wahrscheinlichkeit dann für Intensitäten zwischen 550 und dem Signalmaximum bei circa 1100. Die im Experiment erhaltene Intensitätsverteilung kann annähernd durch eine β-Verteilung beschrieben werden. Zur Bestimmung der Eingabeparameter für die Simulation wurde daher ebenfalls eine β-Verteilung verwendet. Der Brennraum

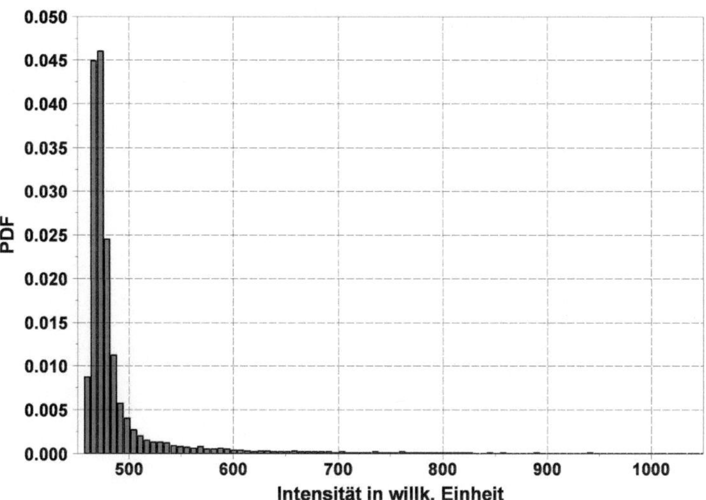

Abbildung 6.19: PDF der mittleren Signalintensität der Chemilumineszenz gemittelt über 65 Einzelaufnahmen vor OT.

wurde in 10 Zonen mit gleich großen Anfangsvolumina aufgeteilt. Diese Anzahl bildet einen guten Kompromiss zwischen der Auflösung des Zustandraums und der Rechenzeit. Die Eingabeparameter (Gemischzusammensetzung und Temperatur) jeder Zone für die numerische Simulation ergeben sich durch unterschiedliche Mischungen aus Frischgas und Abgas. Das Frischgasgemisch besteht aus einer Mischung von 40 % iso-Oktan und 60 % n-Heptan mit einem Äquivalenzverhältnis von 0.3. Das Abgas ist ein Gemisch aus unverbrannten Kraftstoff, Luft, CO, CO_2 und H_2O. Die einzelnen Abgasraten, die Mischungsraten zwischen Frischgas und Abgas, der 10 Zonen ergeben sich aus der β-Verteilung mit variiertem Mittelwert und Standardabweichung. Die Mittelwerte der β-Verteilung liegen dabei zwischen 0.2 und 0.8, mit Standardabweichungen zwischen null und 0.4. Der Druck als Eingabeparamter wurde dem Druckverlauf aus dem Experiment entnommen und ist für alle Mischungsvariationen identisch.

Abbildung 6.20 zeigt die Brennraumtemperatur bei $60\,°KW$ v. OT, nach der Mischung des frischen Kraftstoff/Luft-Gemisches mit einer Temperatur von $T_F = 400\,K$ und des zurückgehaltenen Abgases mit einer Abgastemperatur von $T_A = 850\,K$. Die Darstellung erfolgt über den Mittelwert und die Standardabweichung der β-Verteilung der Abgasrate der 10 Zonen, im Folgenden als m, σ - Unterraum bezeichnet. Mit steigendem Mittelwert, also steigendem Massenanteil des Abgases am Brennraumgemisch, steigt die Brennraumtemperatur an. Die höchsten Temperaturen liegen im Bereich von m = 0.8 und $\sigma < 0.15$. Mit zunehmender Standardabweichung bilden sich immer mehr Zo-

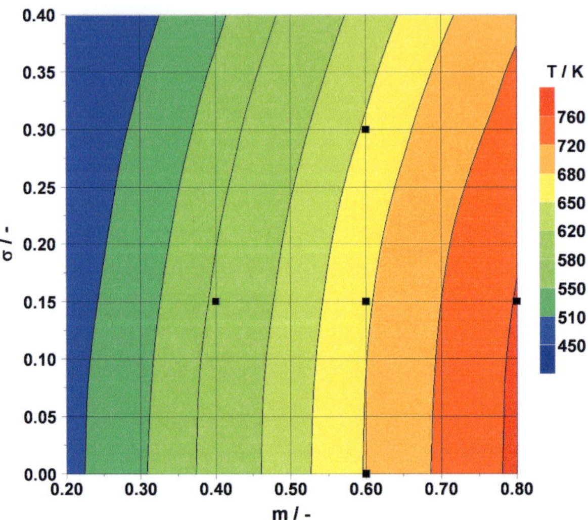

Abbildung 6.20: Mischungstemperaturen zu Beginn der Simulation für unterschiedliche Mittelwerte und Standardabweichungen der Abgasrate, bei $T_F = 400\,K$ und $T_A = 850\,K$ im m, σ - Unterraum.

nen mit kleineren Abgasraten und dadurch niedrigeren Temperaturen. Dies führt dazu, dass bei gleichbleibendem Mittelwert die Brennraumtemperatur mit steigender Standardabweichung abnimmt. Für fünf verschiedene Kombinationen von Mittelwert und Standardabweichung, deren Position im m, σ - Unterraum durch schwarze Quadrate gekennzeichnet ist, sind in Abbildung 6.22 zusätzlich die jeweiligen Druckverläufe über dem Kurbelwinkel dargestellt. Der mittlere Punkt wurde dabei so gewählt, dass die Kombination von Mittelwert und Standardabweichung einen vergleichbaren Spitzendruck und einen maximalen zeitlichen Druckanstieg wie das Experiment aufweist.

In Abbildung 6.21 sind der Spitzendruck (oben links) und der maximale zeitliche Druckanstieg (oben rechts) im m, σ - Unterraum dargestellt sowie, mit Druckverlaufsanalysen bestimmt, die Brenndauer X_d (unten rechts), definiert als Differenz zwischen $X_{10\%}$ und $X_{90\%}$ und die Lage des Verbrennungsschwerpunkts (unten links). Dargestellt sind ebenfalls die selben fünf Punkte im m, σ - Unterraum wie schon in Abbildung 6.20. Der Spitzendruck und der maximale zeitliche Druckanstieg weisen ein ähnliches Verhalten auf. Für Mittelwerte um $m = 0.55$ und eine homogene Verteilung ($\sigma = 0.0$) kommt es zu Drücken über 42 bar und Druckanstiege von mehr als $1.8\,bar/°KW$. Mit zunehmender Fluktuation nehmen die Spitzendrücke ab und auch die zeitlichen Druckanstiege werden schwächer. Regionen ohne Verbrennung finden sich in Bereichen im m, σ - Unterraum mit zeitlichen Druckanstiegen von $0.9\,bar/°KW$ und Spitzendrücken von

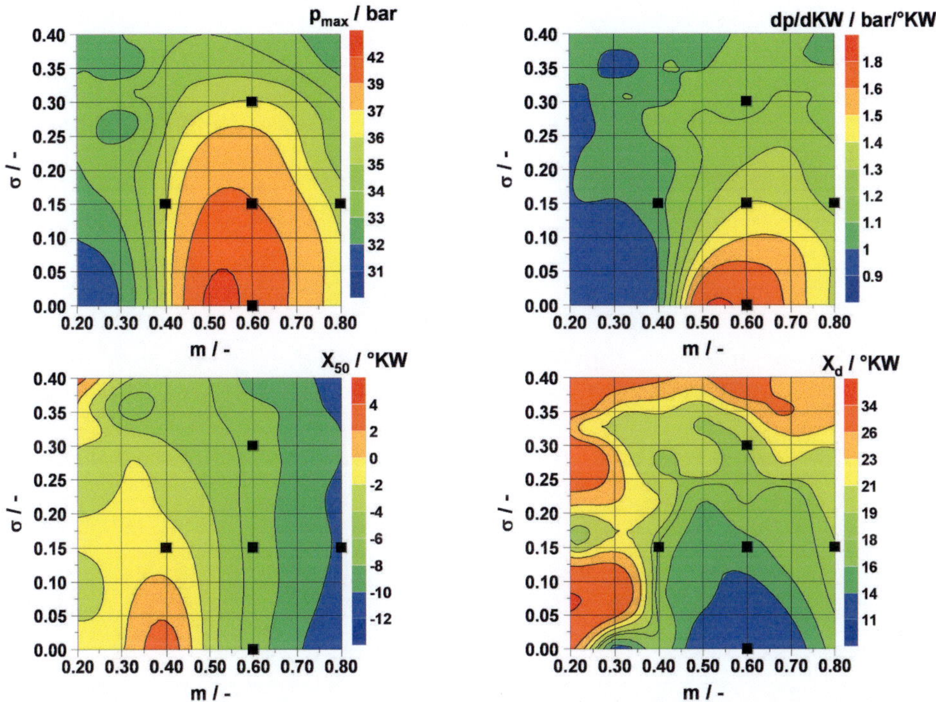

Abbildung 6.21: Maximaldruck, maximaler zeitlicher Druckanstieg, Verbrennungsschwerpunkt und Brenndauer für verschiedene Mittelwerte und Standardabweichungen der Abgasrate, bei $T_F = 400\,\mathrm{K}$ und $T_A = 850\,\mathrm{K}$ im m, σ - Unterraum.

circa 32 bar. Dies tritt z. B. im Fall von $m = 0.2$ und $\sigma = 0.0$ auf. Der Spitzendruck ist dabei vergleichbar mit dem Schleppdruck aus dem Experiment. Anhand der fünf Punkte im m, σ - Unterraum sollen die Ergebnisse im Detail diskutiert werden. Bei einem Mittelwert von $m = 0.6$ sind in Abbildung 6.22 sowohl die Druckverläufe mit Verbrennung als auch die Verläufe ohne Verbrennung für verschiedene Fluktuationen der Abgasrate ($\sigma = 0.0$, $\sigma = 0.15$, $\sigma = 0.3$) dargestellt. Die Druckverläufe ohne Verbrennung unterscheiden sich aufgrund der verschiedenen Zusammensetzung und dadurch verschiedener Isentropenexponenten geringfügig von einander. Des Weiteren liegen aufgrund der unterschiedlichen Mischungstemperaturen auch Unterschiede in der Anfangsmasse vor. Im Fall einer homogenen Mischung ($m = 0.6$ und $\sigma = 0.0$) ist der Druck und der zeitliche Druckanstieg am höchsten. Erhöht man nun die Fluktuation der Abgasrate, bleibt der Spitzendruck annähernd konstant (41 bar und 39 bar), jedoch nimmt der zeitliche Druckanstieg von $1.8\,\mathrm{bar/°KW}$ auf $1.4\,\mathrm{bar/°KW}$ ab. Mit einer Standardabweichung von $\sigma = 0.3$ fällt der Spitzendruck weiter ab (36 bar) und der Druckanstieg liegt nur noch bei $1.1\,\mathrm{bar/°KW}$. Dies ist nur geringfügig höher als der zeitliche Druckanstieg aufgrund

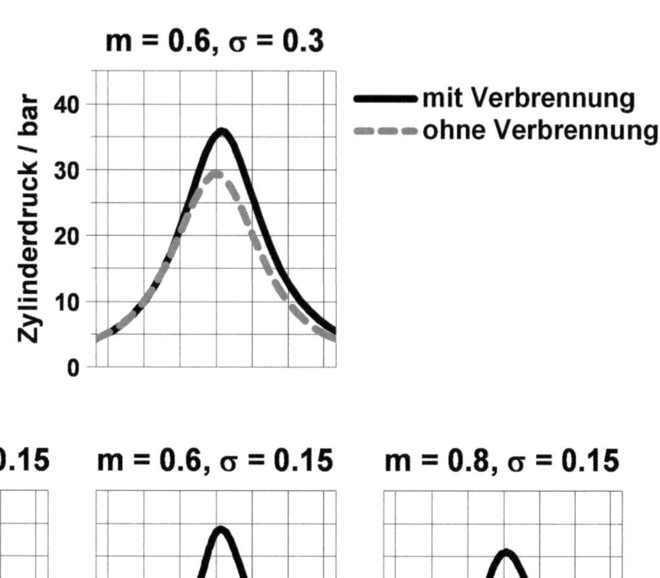

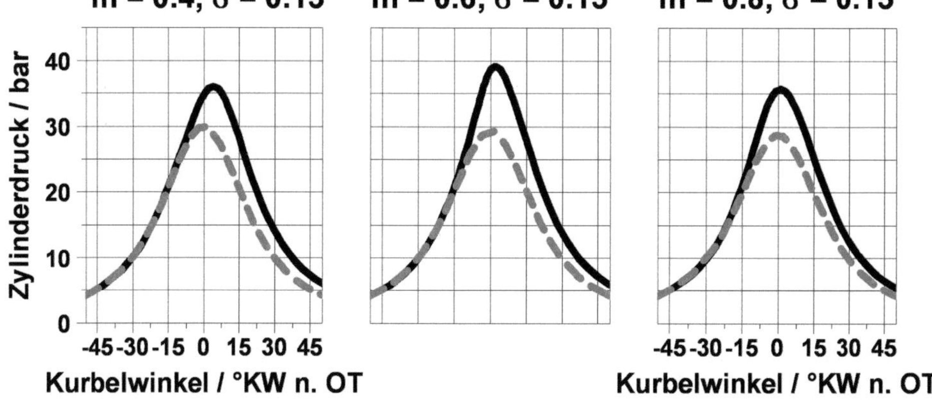

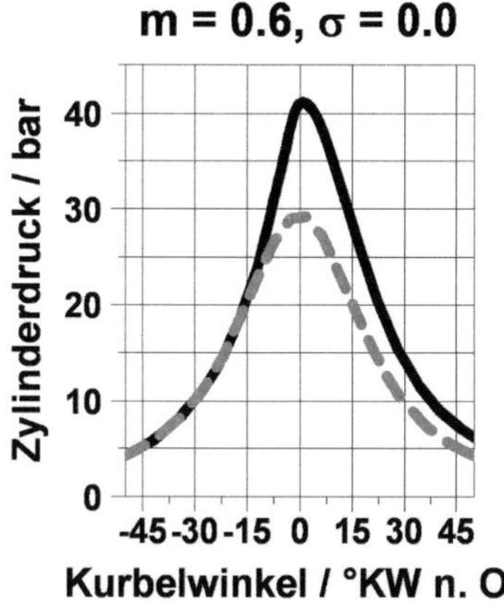

Abbildung 6.22: Exemplarische Druckverläufe für verschiedene Punkte im m, σ - Unterraum bei $T_F = 400\,\text{K}$ und $T_A = 850\,\text{K}$ (siehe Abbildung 6.21 und Abbildung 6.20).

der Kompression ohne Verbrennung ($0.9\,\text{bar}/°\text{KW}$). Die Druckverläufe für m $= 0.4$ mit $\sigma = 0.15$, m $= 0.6$ mit $\sigma = 0.3$ und m $= 0.8$ mit $\sigma = 0.15$ besitzen ebenfalls vergleichbare Spitzendrücke von circa $36\,\text{bar}$. Auch die zeitlichen Druckanstiege unterschieden sich kaum von einander ($1.1\,\text{bar}/°\text{KW}$, $1.1\,\text{bar}/°\text{KW}$ und $1.3\,\text{bar}/°\text{KW}$). Betrachtet man nur die Diagramme für den Spitzendruck und den zeitlichen Druckanstieg, dann lassen sich Unterschiede für diese Fälle nicht deutlich erkennen. Berücksichtigt man daher noch zusätzlich die Ergebnisse der Druckverlaufsanalyse bezüglich Brenndauer und Verbrennungsschwerpunktslage, lassen sich allerdings weitere Unterschiede erkennen. So verschiebt sich der Verbrennungsschwerpunkt für $\sigma = 0.15$ mit steigendem Mittelwert der Abgasrate nach „früh" von circa $1.2\,°\text{KW}$ v. OT auf circa $10.1\,°\text{KW}$ v. OT. Auf die Brenndauer scheint eine Änderung des Mittelwertes dagegen kaum einen Einfluss zu besitzen. Die Brenndauer liegt zwischen $15\,°\text{KW}$ und $19\,°\text{KW}$, wobei die Brenndauern für m $= 0.4$ und m $= 0.8$ mit circa $19\,°\text{KW}$ fast identisch sind. Umgekehrt verhält es sich allerdings, wenn bei konstantem Mittelwert der Abgasrate m $= 0.6$ die Standardabweichung variiert wird. Der Verbrennungsschwerpunkt bleibt mit circa $7.0\,°\text{KW}$ v. OT fast konstant, jedoch benötigt die Verbrennung mit einer Brenndauer von circa $20\,°\text{KW}$ bei $\sigma = 0.3$ fast doppelt so lang wie im homogenen Fall $\sigma = 0.0$. Allerdings liefert die Druckverlaufsanalyse für Bereiche, in denen keine Verbrennung auftritt, keine verlässlichen Ergebnisse. Für m $= 0.2$ und $\sigma = 0.0$, einen Fall ohne Verbrennung, liefert die Druckverlaufsanalyse einen Verbrennungschwerpunktslage ähnlich wie im Fall m $= 0.4$ und $\sigma = 0.15$, jedoch ergeben sich sehr lange Brenndauern mit mehr als $30\,°\text{KW}$.

Zur Überprüfung, ob wirklich eine Verbrennung stattfindet, soll daher noch das Verhalten einzelner Spezies berücksichtigt werden. In Abbildung 6.23 sind die Differenzen der Massenbrüche zwischen Beginn der Kompression ($60\,°\text{KW}$ v. OT) und Ende der Expansion ($60\,°\text{KW}$ n. OT) für CO, CO_2 und H_2O als Endprodukte der Verbrennung im m, σ - Unterraum dargestellt. Des Weiteren ist der Massenbruch des verwendeten Kraftstoffs am Ende der Expansion dargestellt. Über den Massenbruch lässt sich eine unvollständige Verbrennung erkennen. Als Produkte einer vollständigen Verbrennung zeigen CO_2 und H_2O ein ähnliches Verhalten. Für Mittelwerte der Abgasrate größer als m $= 0.3$ nimmt der Massenbruch auch für grosse Standardabweichungen zu. Erst bei kleinen Mittelwerten bildet sich nicht mehr so viel CO_2 und H_2O. Entsprechend nimmt der Kraftstoff als Edukt in den Bereichen ab, in denen CO_2 und H_2O zunehmen. Im Bereich ohne Verbrennung m $= 0.2$ und $\sigma = 0.0$ wird der Kraftstoff dagegen nicht verbraucht. Ausserdem bildet sich viel CO, welches nicht weiter in CO_2 umgewandelt wird. Daher besitzen CO_2 und H_2O in diesem Bereich ein Minimum. Betrachtet man nun die fünf ausgewählten Punkte, ergeben sich für die Abgasbetrachtung einige Unterschiede. Der Kraftstoff wird aufgrund der ablaufenden Verbrennung in allen fünf Fällen annähernd vollständig verbraucht. Für das Verhalten bezüglich CO_2 und H_2O lässt sich eine Gruppierung

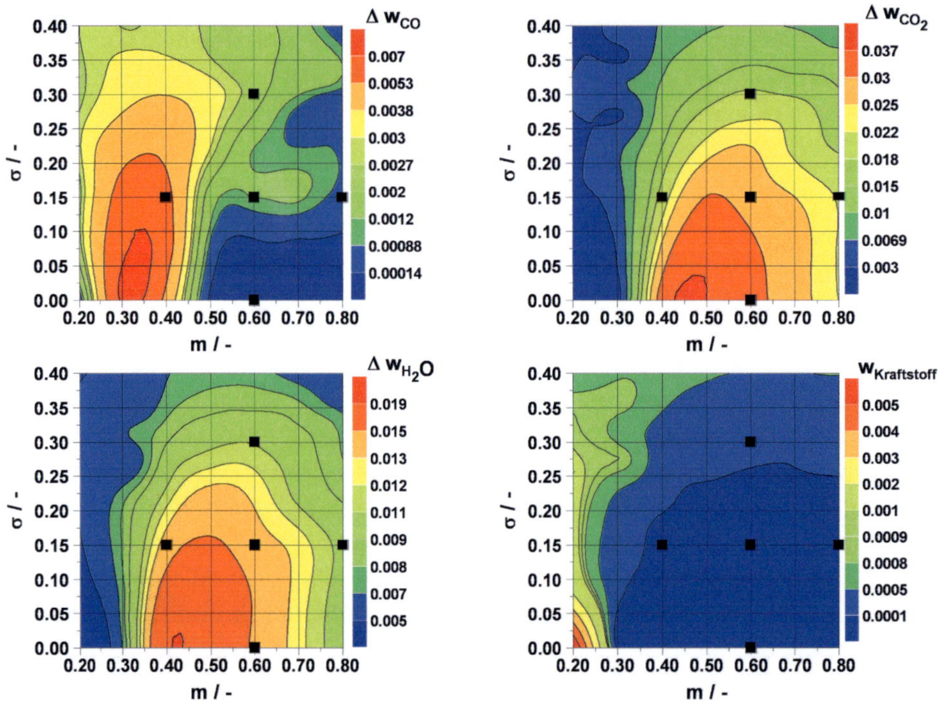

Abbildung 6.23: Verhalten der Massenbruchdifferenz ($\Delta w = w_{60\,°KW\,n.\,OT} - w_{60\,°KW\,v.\,OT}$) von CO, CO_2, H_2O und des Kraftstoff Massenbruchs ($w_{60\,°KW\,n.\,OT}$) im m, σ - Unterraum.

feststellen, wie es sich schon bei den Druckverläufen gezeigt hat. So liegen die Werte für $m = 0.6$ mit $\sigma = 0.0$ und $\sigma = 0.15$ in einem ähnlichen Bereich, genau wie für die anderen drei Punkte ($m = 0.4$ mit $\sigma = 0.15$, $m = 0.6$ mit $\sigma = 0.3$ und $m = 0.8$ mit $\sigma = 0.15$). Das Minimum von CO liegt bei $m = 0.6$ und $\sigma = 0.0$, mit einem gleichzeitigen hohen Anteil an CO_2. Mit steigendem Mittelwert der Abgasrate wird immer mehr CO umgewandelt. Berücksichtigt man noch die Brenndauer, zeigt sich, dass in Bereichen mit langen Brenndauern CO zunimmt und die Verbrennungsprodukte abnehmen.

Die Parameteruntersuchung zeigt, dass sich durch Fluktuationen der Abgasrate die Verbrennung in weiten Bereichen steuern lässt. Der Mittelwert der Abgasrate bietet die Möglichkeit den Verbrennungsschwerpunkt zu verschieben. Wohingegen mit unterschiedlichen Standardabweichungen sowohl die Brenndauer als auch der zeitliche Druckanstieg gesteuert werden kann. Ausserdem können Bereiche bestimmt werden, in denen einzelne Spezies (z. B. CO) in geringen Konzentrationen vorkommen und dadurch kann ein Betriebspunkt mit guten Abgasemissionswerten ausgewählt werden.

Variation von Äquivalenzverhältnis und Oktanzahl

Eine numerische Parameteruntersuchung bezüglich des Einflusses von Äquivalenzverhältnis und Oktanzahl ist bei der Auslegung eines Forschungsmotors oder vor der ersten Inbetriebnahme eine effektive Möglichkeit, um einen geeigneten Betriebspunkt für das Experiment zu bestimmen. Besonders bei optischen Untersuchungen ist dabei auf niedrige zeitliche Druckanstiege zu achten. Ansonsten kann es zu Schäden an den optischen Bauteilen kommen. Für die Untersuchung wurde der Brennraum ebenfalls in 10 Zonen mit gleich großen Anfangsvolumina aufgeteilt. Die Mischungsraten zwischen Frischgas und Abgas wurden mit einer β-Verteilung mit einem Mittelwert von $m = 0.6$ und einer Standardabweichung von $\sigma = 0.15$ der Abgasrate der 10 Zonen bestimmt. Die Abgaszusammensetzung ist identisch wie bei der Variation der Abgasrate im Abschnitt zuvor. Das Frischgasgemisch besteht aus verschiedenen Mischungen von iso-Oktan und n-Heptan mit unterschiedlichen Äquivalenzverhältnissen. Die Oktanzahl des Kraftstoffs wurde dabei zwischen null (n-Heptan) und 100 (iso-Oktan) variiert. Das Äquivalenzverhältnis wurde zwischen 2.0 und 0.25 variiert. Dargestellt ist im Folgenden der reziproke Wert das Luft/Kraftstoff-Verhältnis ($0.5 < \lambda < 4.0$). Der Brennraumdruck zu Beginn der Simulation wurde konstant gehalten und dem Druckverlauf aus dem Experiment entnommen. Die Frischgastemperatur beträgt $T_F = 400$ K und die Abgastemperatur $T_A = 850$ K. Die Darstellung erfolgt über die Oktanzahl und das Luft/Kraftstoff-Verhältnis, im Folgenden als RON, λ - Unterraum bezeichnet.

In Abbildung 6.24 sind der Spitzendruck (oben links) und der maximale zeitliche Druckanstieg (oben rechts) im RON, λ - Unterraum dargestellt, sowie die mit Druckverlaufsanalysen bestimmte Brenndauer (unten rechts) und die Lage des Verbrennungsschwerpunkts (unten links). Dargestellt sind ebenfalls fünf Punkte im RON, λ - Unterraum, für die in Abbildung 6.25 zusätzlich die jeweiligen Druckverläufe sowohl mit Verbrennung als auch die Verläufe ohne Verbrennung über dem Kurbelwinkel dargestellt sind und die im Detail besprochen werden. Die Punkte wurden dabei so gewählt, dass für RON = 40 unterschiedliche Luft/Kraftstoff-Verhältnisse (ein „fetter" und zwei „magere" Punkte) und für das mittlere Luft/Kraftstoff-Verhältnis unterschiedliche Oktanzahlen berücksichtigt wurden. Betrachtet man zuerst den auftretenden Spitzendruck, zeigt sich, dass dieser in erster Näherung von der Oktanzahl unabhängig ist. Für stöchiometrische oder „fette" Kraftstoff/Luft-Gemische treten die höchsten Drücke im Brennraum auf. Diese liegen bei RON = 40 und $\lambda = 0.5$ bei circa 58 bar. Mit zunehmenden Luft/Kraftstoff-Verhältnis fallen die Spitzendrücke langsam ab, liegen bei $\lambda = 4$ aber noch über dem Schleppdruck. Ab $\lambda = 2$ zeigt sich mit steigender Oktanzahl ein Einfluss auf den Spitzendruck. Für Oktanzahlen von 10, 40 und 70 sind die Druckverläufe für $\lambda = 2.0$ in Abbildung 6.25 dargestellt. Mit höherem Anteil an iso-Oktan am Kraftstoff steigt der Spitzendruck von 43 bar auf 44 bar an, wobei der Spitzendruck zwischen einer Oktanzahl von 30

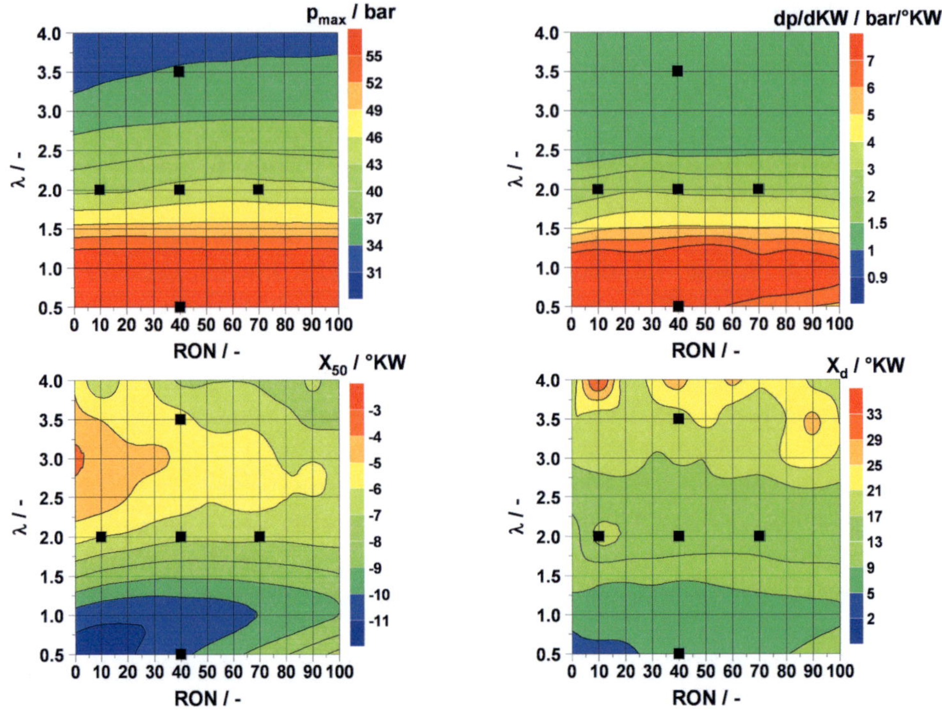

Abbildung 6.24: Maximaldruck, maximaler zeitlicher Druckanstieg, Verbrennungsschwerpunkt und Brenndauer für $m = 0.6$ und $\sigma = 0.15$ der Abgasrate. Bei $T_F = 400\,K$ und $T_A = 850\,K$ im RON, λ - Unterraum.

und 90 nur geringfügig schwankt. Der zeitliche Druckanstieg ist mit circa $2.6\,bar/°KW$ für dieses Luft/Kraftstoff-Verhältnis annähernd konstant. Der zeitliche Druckanstieg zeigt im betrachteten RON, λ - Unterraum nur eine geringe Beeinflussung durch die Oktanzahl. Im Bereich der höchsten Drücke sind die maximalen zeitlichen Druckanstiege ebenfalls sehr hoch und liegen bei mindestens $6.0\,bar/°KW$ (z. B. $7.5\,bar/°KW$ für RON = 40 und $\lambda = 0.5$). Dies sind sehr schnelle zeitliche Druckanstiege, besonders für die Belastung optischer Zugänge. Die zeitlichen Druckanstiege nehmen zwar mit steigendem Luft/Kraftstoff-Verhältnis stetig ab, liegen aber dennoch bis zu $\lambda = 1.5$ bei über $4.0\,bar/°KW$. Ein geeigneter Betriebspunkt für optische Untersuchungen sollte daher mindestens ein Luft/Kraftstoff-Verhältnis von zwei aufweisen, damit die optischen Bauteile nicht zu starken Belastungen ausgesetzt sind. Für den Fall RON = 40 und $\lambda = 3.5$ zeigt sich, dass eine Verbrennung stattfindet und die zeitlichen Druckanstiege weiter abfallen. Das heißt, dass selbst für sehr „magere" Kraftstoff/Luft-Gemische ein Motorbetrieb möglich ist. Die Druckverläufe zeigen ebenfalls, dass sich mit steigender Oktan-

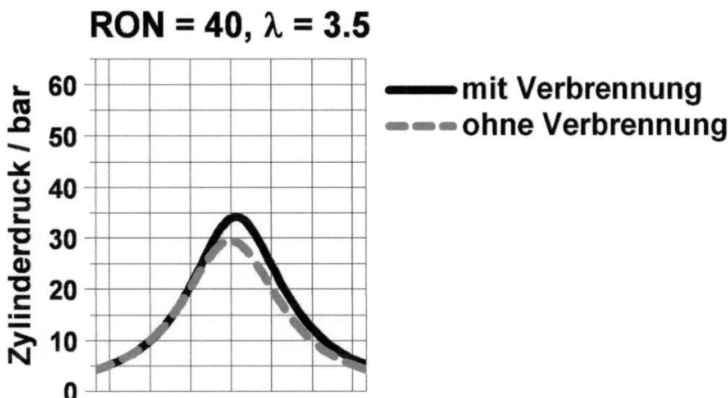

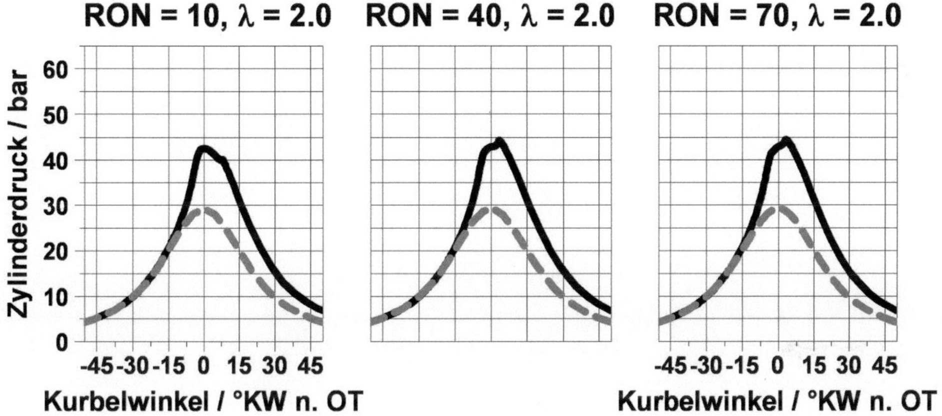

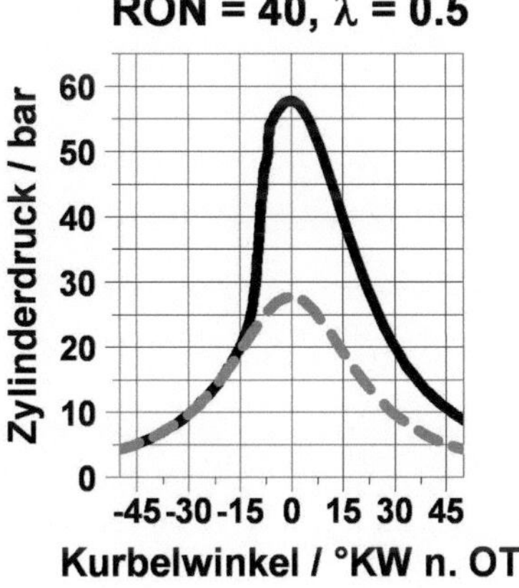

Abbildung 6.25: Exemplarische Druckverläufe für verschiedene Punkte im RON, λ - Unterraum bei $T_F = 400\,\text{K}$ und $T_A = 850\,\text{K}$.

zahl die Verbrennungsschwerpunktslage nach „früh" verschiebt (von 6.0 °KW v. OT bei RON = 10, $\lambda = 2.0$ nach 6.8 °KW v. OT bei RON = 70, $\lambda = 2.0$). Abbildung 6.24 zeigt, dass sich für $\lambda = 2.0$ RON = 40 und RON = 70 ähnliche Verbrennungschwerpunkte ergeben. Der Verbrennungsschwerpunkt mit RON = 40 und $\lambda = 0.5$ liegt dagegen sehr „früh" (10.2 °KW v. OT) und auch die Brenndauer ist sehr kurz (circa 6 °KW). Für $\lambda = 2.0$ liegt die Brenndauer im Bereich von circa 15 °KW. Luft/Kraftstoff-Verhältnisse größer als zwei zeigen nur geringe Unterschiede in der Brenndauer (19 °KW bei RON = 40, $\lambda = 3.5$) und der Verbrennungsschwerpunktslage (5.6 °KW v. OT bei RON = 40, $\lambda = 3.5$). Ein „mageres" Kraftstoff/Luft-Gemisch mit einem Luft/Kraftstoff-Verhältnis zwischen zwei und drei liefert daher einen guten Kompromiss zwischen Zündneigung und niedrigen zeitlichen Druckanstiegen.

In Abbildung 6.26 ist der aus 330 einzelnen Arbeitsspielen gemittelte experimentell gemessene Druckverlauf aus dem Zweitakt HCCI-Forschungsmotors entsprechend den Randbedingungen aus Kapitel 6.2.2 dargestellt. Für RON = 40 und $\lambda = 2.5$ ($T_F = 400$ K,

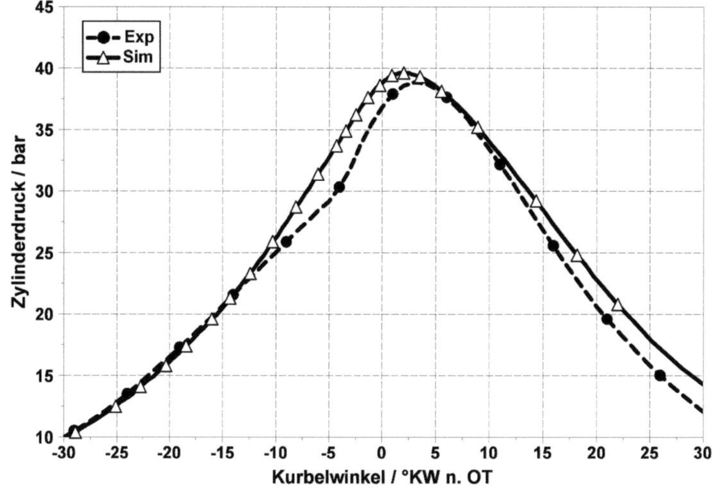

Abbildung 6.26: Gemessener Druckverlauf des Zweitakt HCCI-Forschungsmotor und simulierter Druckverlauf für RON = 40 und $\lambda = 2.5$ ($T_F = 400$ K, $T_A = 850$ K, m = 0.6 und $\sigma = 0.15$).

$T_A = 850$ K, m = 0.6 und $\sigma = 0.15$) ist ein simulierter Druckverlauf dargestellt. Die Verbrennung beginnt bei der Simulation früher als dies im Experiment der Fall ist. Dies zeigt auch der Verbrennungsschwerpunkt, der in der Simulation bei 5.6 °KW v. OT liegt und damit circa 6 °KW früher. Jedoch läuft die Verbrennung aus der Simulation langsamer ab, die Brenndauern zeigen eine Differenz von circa 4 °KW ($X_{d(sim)} = 14$ °KW und $X_{d(exp)} = 10$ °KW). Untermauert wird dies durch die zeitlichen Druckanstiege, der maximale Druckanstieg im Experiment ist etwas größer als in der Simulation ($2.0\,\mathrm{bar}/^\circ\mathrm{KW}$ zu $1.5\,\mathrm{bar}/^\circ\mathrm{KW}$). Dafür liegt der Spitzendruck aus der Simulation circa 3 bar höher als im Experiment.

Ziel dieser Parameteruntersuchung war es allerdings nicht, den gemessenen Druckverlauf exakt nachzubilden. Dazu wären weitere detaillierte Eingabeparameter aus dem Experiment nötig. Des Weiteren wurden für die Abschätzung des geeigneten Betriebspunkts in dieser Arbeit Wärmeverluste vernachlässigt. Durch eine Berücksichtigung dieser zusätzlichen Parameter kann die Genauigkeit des Mehrzonenmodells weiter verbessert werden. Es sollte vielmehr gezeigt werden, dass mit Hilfe des Mehrzonenmodells durch Parameteruntersuchung Bereiche ausgewählt werden können, in denen ein geeigneter Motorbetrieb möglich ist. Des Weiteren kann mit diesem Modell auch die Auslegung eines Motors, z. B. bezüglich Verdichtungsverhältnis oder Abgasrate, noch vor der eigentlichen experimentellen Untersuchung, überprüft werden.

Kapitel 7

Zusammenfassung und Ausblick

Die homogene kompressionsgezündete Verbrennung (oder HCCI-Verbrennung) besitzt das Potenzial, die Grenzwerte zukünftiger Abgasemissionsrichtlinien schon innermotorisch zu erfüllen. Die Herausforderung liegt allerdings in der Regelung der HCCI-Verbrennung und der Erweiterung des bislang deutlich eingeschränkten Betriebsbereichs. Zur Weiterentwicklung des Brennverfahrens sind daher Grundlagenuntersuchungen weiterhin notwendig. In dieser Arbeit wurde ein Mehrzonenmodell für das Simulationstool HOMREA entwickelt und implementiert. Die einzelnen Zonen sind dabei über den Druck und das Volumen miteinander gekoppelt. Des Weiteren wurde das Modell direkt so implementiert, dass zukünftig auch Wärme- und Massentransport zwischen Zonen berücksichtigt werden kann. Das in dieser Arbeit entwickelte Mehrzonenmodell wurde an einem Viertakt und einem Zweitakt HCCI-Forschungsmotor validiert.

Zur Beschreibung der Verbrennung in dem Viertakt HCCI-Forschungsmotor wurde in dieser Arbeit ein detaillierter Reaktionsmechanismus für einen Benzin-Ersatzkraftstoff entwickelt. Dieser detaillierter Reaktionsmechanismus berücksichtigt die Reaktionen, basierend auf der Verbrennung der drei Hauptkomponenten iso-Oktan, Cyclohexan und iso-Dodekan des Benzin-Ersatzkraftstoffs und besteht aus 1027 Spezies und 5730 Reaktionen. Unter diesen Reaktionen befinden sich 15 unimolekulare Reaktionen, deren Reaktionsgeschwindigkeiten druckabhängig sind. Validiert wurde der entwickelte Reaktionsmechanismus mit experimentellen Zündverzugszeiten für die Einzelkomponenten iso-Oktan und Cyclohexan und den Benzin-Ersatzkraftstoff aus verschiedenen RCMs [73, 114] und Stoßwellenrohren [37, 109]. Die Ergebnisse des detaillierten Reaktionsmechanismus stimmen für die Hauptkomponenten iso-Oktan und Cyclohexan sowohl gut mit Experimenten als auch mit weiteren detaillierten Reaktionsmechanismen für die jeweilige reine Komponente überein. Der entwickelte Reaktionsmechanismus zeigt den für diese Kraftstoffe typischen NTC-Bereich. Die Zündverzugszeiten der Mischung des Benzin-Ersatzkraftstoffs stimmen ebenfalls gut mit Ergebnissen aus der RCM überein. Der Reaktionsmechanismus wurde auch für verschiedene Druckbereiche und Äquivalenzverhältnisse validiert. So können die Zündverzugszeiten für iso-Oktan in einem motorrelevanten Druckbereich von circa 10 bar und 40 bar bestimmt werden. Im Fall des Benzin-Ersatzkraftstoffs wurden neben Untersuchungen für stöchiometrische Kraftstoff/Luft-Gemische ebenfalls Untersuchungen bei mageren Äquivalenzverhältnissen, wie sie bei der HCCI-Verbrennung auftreten, durchgeführt. Für beide Äquivalenzverhältnisse ergab sich eine gute Übereinstimmung zwischen Simulation und Experiment.

Für die numerische Untersuchung der Verbrennung im Viertakt HCCI-Forschungsmotor ergibt sich, dass bei der Verwendung des Mehrzonenmodells sich mit zunehmender Anzahl an berücksichtigten Zonen die Übereinstimmung mit dem experimentellen Druckverläufen verbessert. Jede Zone des Modells verhält sich dabei zwar wie ein einzelner homogener Reaktor, jedoch ist der Druckanstieg bei der Verbrennung, aufgrund des geringen Massenanteils jeder Zone, nicht so groß wie bei der Betrachtung von nur einem homogenen Reaktor. So nähert sich das Mehrzonenmodell mit zunehmender Anzahl an Zonen einer CFD-Betrachtung immer stärker an. Das qualitative Verhalten für die unterschiedlichen Einspritzzeitpunkte (früh = 380 °KW v. ZOT, mittel = 320 °KW v. ZOT und spät = 260 °KW v. ZOT) wird durch das Mehrzonenmodell richtig wiedergegeben. Mit zunehmender Spätverlagerung der Einspritzung nimmt der zeitliche Druckanstieg ab, gleichzeitig verlagert sich der 50 %-Umsatzpunkt ebenfalls nach spät. Die Ergebnisse der Mehrzonensimulation stimmen gut mit den experimentellen und CFD-Ergebnissen überein, vor allem bei der Betrachtung des zeitlichen Druckanstiegs und der Brenndauer weist es deutliche Vorteile im Vergleich mit einem homogenen Reaktor auf. Das Mehrzonenmodell bietet somit eine effiziente Methode, mit geringen Rechenressourcen verlässliche Aussagen zu treffen.

Die zur Simulation notwendigen Eingabeparameter für das Mehrzonenmodell stammen bei der Betrachtung des Viertakt HCCI-Forschungsmotors aus vorangegangenen CFD-Untersuchungen. Bei der Betrachtung des Zweitakt HCCI-Forschungsmotors wurde eine Methode verwendet, bei der direkt aus den experimentellen Bedingungen, ohne Zwischenschritte, die nötigen Informationen für das Mehrzonenmodell erhalten werden. In dieser Arbeit wurden an dem Zweitakt HCCI-Forschungsmotor laserspektroskopische Grundlagenuntersuchungen durchgeführt, um Aussagen über die herrschenden HCCI-Bedingungen im Brennraum treffen zu können. Die Frage nach der Gemischhomogenität des Kraftstoff/Luft-Gemisches stand dabei im Vordergrund. Dazu wurde im nicht zündenden Motorbetrieb das Gemisch mit Hilfe von Aceton LIF untersucht. Es zeigte sich bei stationärem Motorbetrieb eine nahezu homogene Kraftstoff/Luft-Verteilung. Bei der Kompression wurde eine zusätzliche Bildung von Aceton festgestellt. Dieses

Verhalten konnte auch durch numerische Untersuchungen bestätigt werden. In der Literatur wurde bisher hauptsächlich die Problematik des Tracerumsatzes während der Verbrennung bei Untersuchungen zur Gemischbildung [120] oder die Beeinflussung der Zündung durch Tracer beschrieben [121]. Die Bildung von zusätzlichem Tracer, wie in dieser Arbeit festgestellt, wurde bisher aber nicht beschrieben. Aufgrund der geringen Konzentration ist in dieser Arbeit ein Einfluss auf die Gemischaussage nicht zu erkennen. Dies könnte sich bei deutlich höheren Konzentrationen jedoch ändern. Bei hohen Konzentrationen ist daher zu untersuchen, wie stark die Beeinflussung der Zündprozesse des reinen Kraftstoffs durch den Tracer im Detail ausfällt.

Untersuchungen zur Selbstzündung zeigten eine sequentielle Selbstzündung verschiedener Gasbereiche. Da ein homogenes Kraftstoff/Luft-Gemisch vorliegt, ist eine Ursache dafür die inhomogene Vermischung zwischen Frischgas und zurückgehaltenem Abgas. Diese Fluktuationen in der Abgasrate dienen dem Mehrzonenmodell als Eingabeparameter. Das Mehrzonenmodell wurde eingesetzt, um in Parameterstudien den Einfluss verschiedener Eingabegrößen zu untersuchen. Dabei wurde neben dem Mittelwert der Abgasrate auch die Standardabweichung der zur Beschreibung der Fluktuation benutzten β-Verteilung variiert. Mit zunehmendem Mittelwert ergaben sich höhere Mischungstemperaturen, die zu einer Verbrennung führten. Mit größerer Standardabweichung nehmen die Unterschiede in den einzelnen Zonen zu, wodurch sich z. B. ein kleinerer zeitlicher Druckanstieg als bei gleichem Mittelwert und kleinerer Standardabweichung ergibt. Neben dem Einfluss unterschiedlicher Mittelwerte und Standardabweichungen wurde ebenfalls der Einfluss verschiedener Äquivalenzverhältnisse und Oktanzahlen untersucht. Das Mehrzonenmodell lieferte einen effizienten und vielversprechenden Ansatz, den Betriebsbereich zu erweitern, da durch diese Studien schnell Bereiche identifiziert werden, die sich für einzelne Größen, wie z. B. Abgasemissionen, Spitzentemperatur oder zeitlichen Druckanstieg, nachteilig auswirken. Die Parameteruntersuchungen zeigten gleichzeitig aber auch, welche Parameter geändert werden müssen, um durch Verschieben des Betriebspunkts einen positiven Effekt auf die jeweilige Größe zu erreichen. Auf diese Art kann schnell eine Abschätzung getroffen werden, ob eine vorgesehene Maßnahme zielführend ist oder nicht. Zusammenfassend lässt sich sagen, dass mit Hilfe des Mehrzonenmodells Vorgänge bei der HCCI-Verbrennung gut und effizient wiedergegeben werden können.

Die Resultate dieser Arbeit liefern Anregungen zur weiteren Forschung. Der entwickelte Reaktionsmechanismus, der in dieser Arbeit für experimentelle Ergebnisse der gasförmigen Kraftstoff/Luft-Gemische von iso-Oktan und Cyclohexan validiert wurde, kann z. B. anhand von experimentellen Untersuchungen des Kraftstoffs iso-Dodekan weiter validiert werden. Das Mehrzonenmodell kann dahingehend optimiert werden, dass

Massentransport und Wärmetransport in zukünftigen Untersuchungen mit berücksichtigt werden. Dazu sind allerdings geeignete Modelle für die Abläufe bei der HCCI-Verbrennung zu entwickeln. Aus den experimentellen Untersuchungen ergibt sich die Fragestellung nach dem grundlegenden laserspektroskopischen Verhalten des eingesetzten Tracers bei der Kompression und dessen Einfluss auf die Kinetik der Verbrennung.

Anhang A

Eingabeparameter der einzelnen Zonen

A.1 Viertakt HCCI-Forschungsmotor

Tabelle A.1: Eingabeparameter des Mehrzonenmodells für 2/2/2 Raster und späten Einspritzzeitpunkt (260 °KW v. ZOT).

	Einheit	Zone 01	Zone 02	Zone 03	Zone 04	Zone 05	Zone 06
p	bar	3.243	3.243	3.243	3.243	3.243	3.243
T	K	541	650	554	719	678	724
Masse	%	$3.17{\cdot}10^{-3}$	$5.33{\cdot}10^{-2}$	$2.44{\cdot}10^{-3}$	$8.26{\cdot}10^{-1}$	$3.97{\cdot}10^{-3}$	$1.11{\cdot}10^{-1}$
$x_{cC_6H_{12}}$	-	$1.03{\cdot}10^{-2}$	$1.96{\cdot}10^{-3}$	$8.41{\cdot}10^{-3}$	$1.33{\cdot}10^{-3}$	$2.37{\cdot}10^{-4}$	$2.23{\cdot}10^{-4}$
$x_{iC_8H_{18}}$	-	$1.58{\cdot}10^{-2}$	$3.02{\cdot}10^{-3}$	$1.29{\cdot}10^{-2}$	$2.05{\cdot}10^{-3}$	$3.65{\cdot}10^{-4}$	$3.43{\cdot}10^{-4}$
$x_{iC_{12}H_{26}}$	-	$1.63{\cdot}10^{-2}$	$3.11{\cdot}10^{-3}$	$1.33{\cdot}10^{-2}$	$2.11{\cdot}10^{-3}$	$3.76{\cdot}10^{-4}$	$3.53{\cdot}10^{-4}$
x_{O_2}	-	$2.03{\cdot}10^{-1}$	$2.10{\cdot}10^{-1}$	$2.05{\cdot}10^{-1}$	$2.11{\cdot}10^{-1}$	$2.12{\cdot}10^{-1}$	$2.12{\cdot}10^{-1}$
x_{N_2}	-	$6.52{\cdot}10^{-1}$	$6.77{\cdot}10^{-1}$	$6.20{\cdot}10^{-1}$	$6.48{\cdot}10^{-1}$	$6.80{\cdot}10^{-1}$	$6.60{\cdot}10^{-1}$
x_{CO_2}	-	$4.87{\cdot}10^{-2}$	$4.95{\cdot}10^{-2}$	$6.62{\cdot}10^{-2}$	$6.42{\cdot}10^{-2}$	$5.07{\cdot}10^{-2}$	$5.99{\cdot}10^{-2}$
x_{H_2O}	-	$5.40{\cdot}10^{-2}$	$5.49{\cdot}10^{-2}$	$7.35{\cdot}10^{-2}$	$7.12{\cdot}10^{-2}$	$5.62{\cdot}10^{-2}$	$6.65{\cdot}10^{-2}$

Tabelle A.2: Eingabeparameter des Mehrzonenmodells für 3/3/3 Raster und späten Einspritzzeitpunkt (260 °KW v. ZOT).

	Einheit	Zone 01	Zone 02	Zone 03	Zone 04	Zone 05	Zone 06
p	bar	3.243	3.243	3.243	3.243	3.243	3.243
T	K	492	591	504	626	696	526
Masse	%	$6.13{\cdot}10^{-4}$	$3.02{\cdot}10^{-3}$	$4.56{\cdot}10^{-4}$	$3.77{\cdot}10^{-2}$	$2.64{\cdot}10^{-1}$	$4.71{\cdot}10^{-6}$
$x_{cC_6H_{12}}$	-	$2.09{\cdot}10^{-2}$	$4.30{\cdot}10^{-3}$	$1.91{\cdot}10^{-2}$	$3.29{\cdot}10^{-3}$	$1.37{\cdot}10^{-3}$	$7.87{\cdot}10^{-3}$
$x_{iC_8H_{18}}$	-	$3.21{\cdot}10^{-2}$	$6.62{\cdot}10^{-3}$	$2.93{\cdot}10^{-2}$	$5.07{\cdot}10^{-3}$	$2.11{\cdot}10^{-3}$	$1.21{\cdot}10^{-2}$
$x_{iC_{12}H_{26}}$	-	$3.31{\cdot}10^{-2}$	$6.82{\cdot}10^{-3}$	$3.02{\cdot}10^{-2}$	$5.22{\cdot}10^{-3}$	$2.18{\cdot}10^{-3}$	$1.25{\cdot}10^{-2}$
x_{O_2}	-	$1.94{\cdot}10^{-1}$	$2.08{\cdot}10^{-1}$	$1.96{\cdot}10^{-1}$	$2.09{\cdot}10^{-1}$	$2.11{\cdot}10^{-1}$	$2.06{\cdot}10^{-1}$
x_{N_2}	-	$6.23{\cdot}10^{-1}$	$6.83{\cdot}10^{-1}$	$5.94{\cdot}10^{-1}$	$6.65{\cdot}10^{-1}$	$6.63{\cdot}10^{-1}$	$6.15{\cdot}10^{-1}$
x_{CO_2}	-	$4.61{\cdot}10^{-2}$	$4.34{\cdot}10^{-2}$	$6.24{\cdot}10^{-2}$	$5.31{\cdot}10^{-2}$	$5.69{\cdot}10^{-2}$	$6.93{\cdot}10^{-2}$
x_{H_2O}	-	$5.12{\cdot}10^{-2}$	$4.82{\cdot}10^{-2}$	$6.92{\cdot}10^{-2}$	$5.89{\cdot}10^{-2}$	$6.31{\cdot}10^{-2}$	$7.69{\cdot}10^{-2}$

	Einheit	Zone 07	Zone 08	Zone 09	Zone 10	Zone 11	Zone 12
p	bar	3.243	3.243	3.243	3.243	3.243	3.243
T	K	623	729	616	636	720	641
Masse	%	$1.18{\cdot}10^{-2}$	$4.57{\cdot}10^{-1}$	$2.23{\cdot}10^{-5}$	$9.84{\cdot}10^{-4}$	$7.96{\cdot}10^{-2}$	$2.33{\cdot}10^{-4}$
$x_{cC_6H_{12}}$	-	$4.23{\cdot}10^{-3}$	$1.41{\cdot}10^{-3}$	$4.61{\cdot}10^{-4}$	$3.12{\cdot}10^{-4}$	$3.21{\cdot}10^{-4}$	$2.60{\cdot}10^{-4}$
$x_{iC_8H_{18}}$	-	$6.51{\cdot}10^{-3}$	$2.16{\cdot}10^{-3}$	$7.09{\cdot}10^{-4}$	$4.80{\cdot}10^{-4}$	$4.94{\cdot}10^{-4}$	$4.00{\cdot}10^{-4}$
$x_{iC_{12}H_{26}}$	-	$6.71{\cdot}10^{-3}$	$2.23{\cdot}10^{-3}$	$7.31{\cdot}10^{-4}$	$4.95{\cdot}10^{-4}$	$5.09{\cdot}10^{-4}$	$4.12{\cdot}10^{-4}$
x_{O_2}	-	$2.09{\cdot}10^{-1}$	$2.11{\cdot}10^{-1}$	$2.11{\cdot}10^{-1}$	$2.12{\cdot}10^{-1}$	$2.12{\cdot}10^{-1}$	$2.12{\cdot}10^{-1}$
x_{N_2}	-	$6.25{\cdot}10^{-1}$	$6.40{\cdot}10^{-1}$	$6.99{\cdot}10^{-1}$	$6.76{\cdot}10^{-1}$	$6.66{\cdot}10^{-1}$	$6.43{\cdot}10^{-1}$
x_{CO_2}	-	$7.02{\cdot}10^{-2}$	$6.78{\cdot}10^{-2}$	$4.15{\cdot}10^{-2}$	$5.26{\cdot}10^{-2}$	$5.70{\cdot}10^{-2}$	$6.79{\cdot}10^{-2}$
x_{H_2O}	-	$7.79{\cdot}10^{-2}$	$7.52{\cdot}10^{-2}$	$4.61{\cdot}10^{-2}$	$5.83{\cdot}10^{-2}$	$6.32{\cdot}10^{-2}$	$7.53{\cdot}10^{-2}$

	Einheit	Zone 13	Zone 14	Zone 15	Zone 16	Zone 17
p	bar	3.243	3.243	3.243	3.243	3.243
T	K	749	643	707	642	727
Masse	%	$1.10{\cdot}10^{-1}$	$1.10{\cdot}10^{-3}$	$2.21{\cdot}10^{-2}$	$1.07{\cdot}10^{-4}$	$1.07{\cdot}10^{-2}$
$x_{cC_6H_{12}}$	-	$2.68{\cdot}10^{-4}$	$1.96{\cdot}10^{-4}$	$2.00{\cdot}10^{-4}$	$1.89{\cdot}10^{-4}$	$1.91{\cdot}10^{-4}$
$x_{iC_8H_{18}}$	-	$4.12{\cdot}10^{-4}$	$3.02{\cdot}10^{-4}$	$3.07{\cdot}10^{-4}$	$2.90{\cdot}10^{-4}$	$2.94{\cdot}10^{-4}$
$x_{iC_{12}H_{26}}$	-	$4.24{\cdot}10^{-4}$	$3.11{\cdot}10^{-4}$	$3.16{\cdot}10^{-4}$	$2.99{\cdot}10^{-4}$	$3.03{\cdot}10^{-4}$
x_{O_2}	-	$2.12{\cdot}10^{-1}$	$2.12{\cdot}10^{-1}$	$2.12{\cdot}10^{-1}$	$2.12{\cdot}10^{-1}$	$2.12{\cdot}10^{-1}$
x_{N_2}	-	$6.48{\cdot}10^{-1}$	$6.76{\cdot}10^{-1}$	$6.70{\cdot}10^{-1}$	$6.55{\cdot}10^{-1}$	$6.55{\cdot}10^{-1}$
x_{CO_2}	-	$6.55{\cdot}10^{-2}$	$5.28{\cdot}10^{-2}$	$5.56{\cdot}10^{-2}$	$6.25{\cdot}10^{-2}$	$6.24{\cdot}10^{-2}$
x_{H_2O}	-	$7.27{\cdot}10^{-2}$	$5.85{\cdot}10^{-2}$	$6.17{\cdot}10^{-2}$	$6.93{\cdot}10^{-2}$	$6.92{\cdot}10^{-2}$

Tabelle A.3: Eingabeparameter des Mehrzonenmodells für 4/4/4 Raster und späten Einspritzzeitpunkt (260 °KW v. ZOT).

	Einheit	Zone 01	Zone 02	Zone 03	Zone 04	Zone 05	Zone 06
p	bar	3.243	3.243	3.243	3.243	3.243	3.243
T	K	453	528	470	559	637	684
Masse	%	$2.61{\cdot}10^{-4}$	$2.31{\cdot}10^{-4}$	$2.15{\cdot}10^{-4}$	$2.46{\cdot}10^{-3}$	$4.78{\cdot}10^{-2}$	$4.03{\cdot}10^{-3}$
$x_{cC_6H_{12}}$	-	$2.72{\cdot}10^{-2}$	$1.21{\cdot}10^{-2}$	$2.49{\cdot}10^{-2}$	$7.45{\cdot}10^{-3}$	$2.17{\cdot}10^{-3}$	$1.07{\cdot}10^{-3}$
$x_{iC_8H_{18}}$	-	$4.18{\cdot}10^{-2}$	$1.87{\cdot}10^{-2}$	$3.83{\cdot}10^{-2}$	$1.15{\cdot}10^{-2}$	$3.34{\cdot}10^{-3}$	$1.64{\cdot}10^{-3}$
$x_{iC_{12}H_{26}}$	-	$4.31{\cdot}10^{-2}$	$1.92{\cdot}10^{-2}$	$3.95{\cdot}10^{-2}$	$1.18{\cdot}10^{-2}$	$3.44{\cdot}10^{-3}$	$1.69{\cdot}10^{-3}$
x_{O_2}	-	$1.88{\cdot}10^{-1}$	$2.01{\cdot}10^{-1}$	$1.91{\cdot}10^{-1}$	$2.06{\cdot}10^{-1}$	$2.10{\cdot}10^{-1}$	$2.11{\cdot}10^{-1}$
x_{N_2}	-	$6.07{\cdot}10^{-1}$	$6.58{\cdot}10^{-1}$	$5.81{\cdot}10^{-1}$	$6.61{\cdot}10^{-1}$	$6.77{\cdot}10^{-1}$	$6.77{\cdot}10^{-1}$
x_{CO_2}	-	$4.41{\cdot}10^{-2}$	$4.30{\cdot}10^{-2}$	$5.96{\cdot}10^{-2}$	$4.86{\cdot}10^{-2}$	$4.94{\cdot}10^{-2}$	$5.10{\cdot}10^{-2}$
x_{H_2O}	-	$4.89{\cdot}10^{-2}$	$4.77{\cdot}10^{-2}$	$6.61{\cdot}10^{-2}$	$5.40{\cdot}10^{-2}$	$5.48{\cdot}10^{-2}$	$5.66{\cdot}10^{-2}$

	Einheit	Zone 07	Zone 08	Zone 09	Zone 10	Zone 11	Zone 12
p	bar	3.243	3.243	3.243	3.243	3.243	3.243
T	K	552	675	717	539	653	733
Masse	%	$1.93{\cdot}10^{-3}$	$1.00{\cdot}10^{-1}$	$2.84{\cdot}10^{-1}$	$5.00{\cdot}10^{-4}$	$2.64{\cdot}10^{-2}$	$2.38{\cdot}10^{-1}$
$x_{cC_6H_{12}}$	-	$9.06{\cdot}10^{-3}$	$2.56{\cdot}10^{-3}$	$1.20{\cdot}10^{-3}$	$7.06{\cdot}10^{-3}$	$3.19{\cdot}10^{-3}$	$1.42{\cdot}10^{-3}$
$x_{iC_8H_{18}}$	-	$1.39{\cdot}10^{-2}$	$3.93{\cdot}10^{-3}$	$1.84{\cdot}10^{-3}$	$1.09{\cdot}10^{-2}$	$4.91{\cdot}10^{-3}$	$2.19{\cdot}10^{-3}$
$x_{iC_{12}H_{26}}$	-	$1.44{\cdot}10^{-2}$	$4.05{\cdot}10^{-3}$	$1.90{\cdot}10^{-3}$	$1.12{\cdot}10^{-2}$	$5.06{\cdot}10^{-3}$	$2.25{\cdot}10^{-3}$
x_{O_2}	-	$2.05{\cdot}10^{-1}$	$2.10{\cdot}10^{-1}$	$2.11{\cdot}10^{-1}$	$2.07{\cdot}10^{-1}$	$2.10{\cdot}10^{-1}$	$2.12{\cdot}10^{-1}$
x_{N_2}	-	$6.22{\cdot}10^{-1}$	$6.55{\cdot}10^{-1}$	$6.56{\cdot}10^{-1}$	$6.07{\cdot}10^{-1}$	$6.22{\cdot}10^{-1}$	$6.35{\cdot}10^{-1}$
x_{CO_2}	-	$6.43{\cdot}10^{-2}$	$5.91{\cdot}10^{-2}$	$6.08{\cdot}10^{-2}$	$7.44{\cdot}10^{-2}$	$7.32{\cdot}10^{-2}$	$7.00{\cdot}10^{-2}$
x_{H_2O}	-	$7.13{\cdot}10^{-2}$	$6.55{\cdot}10^{-2}$	$6.74{\cdot}10^{-2}$	$8.25{\cdot}10^{-2}$	$8.12{\cdot}10^{-2}$	$7.77{\cdot}10^{-2}$

	Einheit	Zone 13	Zone 14	Zone 15	Zone 16	Zone 17	Zone 18
p	bar	3.243	3.243	3.243	3.243	3.243	3.243
T	K	590	665	696	671	734	577
Masse	%	$5.20{\cdot}10^{-6}$	$1.02{\cdot}10^{-3}$	$4.87{\cdot}10^{-4}$	$1.61{\cdot}10^{-3}$	$1.10{\cdot}10^{-1}$	$2.62{\cdot}10^{-6}$
$x_{cC_6H_{12}}$	-	$4.63{\cdot}10^{-4}$	$5.12{\cdot}10^{-4}$	$5.48{\cdot}10^{-4}$	$4.02{\cdot}10^{-4}$	$4.03{\cdot}10^{-4}$	$4.03{\cdot}10^{-4}$
$x_{iC_8H_{18}}$	-	$7.13{\cdot}10^{-4}$	$7.88{\cdot}10^{-4}$	$8.43{\cdot}10^{-4}$	$6.18{\cdot}10^{-4}$	$6.20{\cdot}10^{-4}$	$6.20{\cdot}10^{-4}$
$x_{iC_{12}H_{26}}$	-	$7.35{\cdot}10^{-4}$	$8.12{\cdot}10^{-4}$	$8.68{\cdot}10^{-4}$	$6.37{\cdot}10^{-4}$	$6.39{\cdot}10^{-4}$	$6.39{\cdot}10^{-4}$
x_{O_2}	-	$2.11{\cdot}10^{-1}$	$2.12{\cdot}10^{-1}$	$2.12{\cdot}10^{-1}$	$2.12{\cdot}10^{-1}$	$2.12{\cdot}10^{-1}$	$2.12{\cdot}10^{-1}$
x_{N_2}	-	$7.01{\cdot}10^{-1}$	$6.84{\cdot}10^{-1}$	$6.79{\cdot}10^{-1}$	$6.68{\cdot}10^{-1}$	$6.60{\cdot}10^{-1}$	$6.34{\cdot}10^{-1}$
x_{CO_2}	-	$4.05{\cdot}10^{-2}$	$4.84{\cdot}10^{-2}$	$5.06{\cdot}10^{-2}$	$5.60{\cdot}10^{-2}$	$6.01{\cdot}10^{-2}$	$7.18{\cdot}10^{-2}$
x_{H_2O}	-	$4.49{\cdot}10^{-2}$	$5.37{\cdot}10^{-2}$	$5.62{\cdot}10^{-2}$	$6.21{\cdot}10^{-2}$	$6.67{\cdot}10^{-2}$	$7.96{\cdot}10^{-2}$

	Einheit	Zone 19	Zone 20	Zone 21	Zone 22	Zone 23	Zone 24
p	bar	3.243	3.243	3.243	3.243	3.243	3.243
T	K	666	762	665	696	667	725
Masse	%	$5.02 \cdot 10^{-4}$	$6.59 \cdot 10^{-2}$	$9.66 \cdot 10^{-4}$	$9.25 \cdot 10^{-4}$	$4.65 \cdot 10^{-3}$	$7.83 \cdot 10^{-2}$
$x_{cC_6H_{12}}$	-	$2.99 \cdot 10^{-4}$	$3.28 \cdot 10^{-4}$	$2.88 \cdot 10^{-4}$	$2.74 \cdot 10^{-4}$	$2.39 \cdot 10^{-4}$	$2.29 \cdot 10^{-4}$
$x_{iC_8H_{18}}$	-	$4.59 \cdot 10^{-4}$	$5.04 \cdot 10^{-4}$	$4.43 \cdot 10^{-4}$	$4.22 \cdot 10^{-4}$	$3.67 \cdot 10^{-4}$	$3.53 \cdot 10^{-4}$
$x_{iC_{12}H_{26}}$	-	$4.73 \cdot 10^{-4}$	$5.19 \cdot 10^{-4}$	$4.57 \cdot 10^{-4}$	$4.35 \cdot 10^{-4}$	$3.79 \cdot 10^{-4}$	$3.64 \cdot 10^{-4}$
x_{O_2}	-	$2.12 \cdot 10^{-1}$	$2.12 \cdot 10^{-1}$	$2.12 \cdot 10^{-1}$	$2.12 \cdot 10^{-1}$	$2.12 \cdot 10^{-1}$	$2.12 \cdot 10^{-1}$
x_{N_2}	-	$6.40 \cdot 10^{-1}$	$6.41 \cdot 10^{-1}$	$6.81 \cdot 10^{-1}$	$6.79 \cdot 10^{-1}$	$6.65 \cdot 10^{-1}$	$6.62 \cdot 10^{-1}$
x_{CO_2}	-	$6.91 \cdot 10^{-2}$	$6.89 \cdot 10^{-2}$	$5.04 \cdot 10^{-2}$	$5.12 \cdot 10^{-2}$	$5.78 \cdot 10^{-2}$	$5.91 \cdot 10^{-2}$
x_{H_2O}	-	$7.67 \cdot 10^{-2}$	$7.64 \cdot 10^{-2}$	$5.59 \cdot 10^{-2}$	$5.68 \cdot 10^{-2}$	$6.41 \cdot 10^{-2}$	$6.55 \cdot 10^{-2}$

	Einheit	Zone 25	Zone 26	Zone 27	Zone 28	Zone 29	Zone 30
p	bar	3.243	3.243	3.243	3.243	3.243	3.243
T	K	674	752	661	694	664	712
Masse	%	$4.67 \cdot 10^{-4}$	$1.62 \cdot 10^{-2}$	$1.12 \cdot 10^{-3}$	$9.67 \cdot 10^{-4}$	$1.64 \cdot 10^{-3}$	$9.56 \cdot 10^{-3}$
$x_{cC_6H_{12}}$	-	$2.19 \cdot 10^{-4}$	$2.23 \cdot 10^{-4}$	$1.93 \cdot 10^{-4}$	$2.00 \cdot 10^{-4}$	$1.76 \cdot 10^{-4}$	$1.86 \cdot 10^{-4}$
$x_{iC_8H_{18}}$	-	$3.37 \cdot 10^{-4}$	$3.43 \cdot 10^{-4}$	$2.97 \cdot 10^{-4}$	$3.08 \cdot 10^{-4}$	$2.70 \cdot 10^{-4}$	$2.86 \cdot 10^{-4}$
$x_{iC_{12}H_{26}}$	-	$3.47 \cdot 10^{-4}$	$3.53 \cdot 10^{-4}$	$3.06 \cdot 10^{-4}$	$3.17 \cdot 10^{-4}$	$2.79 \cdot 10^{-4}$	$2.95 \cdot 10^{-4}$
x_{O_2}	-	$2.12 \cdot 10^{-1}$	$2.12 \cdot 10^{-1}$	$2.12 \cdot 10^{-1}$	$2.12 \cdot 10^{-1}$	$2.12 \cdot 10^{-1}$	$2.12 \cdot 10^{-1}$
x_{N_2}	-	$6.47 \cdot 10^{-1}$	$6.46 \cdot 10^{-1}$	$6.82 \cdot 10^{-1}$	$6.80 \cdot 10^{-1}$	$6.68 \cdot 10^{-1}$	$6.67 \cdot 10^{-1}$
x_{CO_2}	-	$6.64 \cdot 10^{-2}$	$6.68 \cdot 10^{-2}$	$5.01 \cdot 10^{-2}$	$5.10 \cdot 10^{-2}$	$5.65 \cdot 10^{-2}$	$5.67 \cdot 10^{-2}$
x_{H_2O}	-	$7.37 \cdot 10^{-2}$	$7.41 \cdot 10^{-2}$	$5.56 \cdot 10^{-2}$	$5.65 \cdot 10^{-2}$	$6.27 \cdot 10^{-2}$	$6.29 \cdot 10^{-2}$

Tabelle A.4: Eingabeparameter des Mehrzonenmodells für 5/5/5 Raster und späten Einspritzzeitpunkt (260 °KW v. ZOT).

	Einheit	Zone 01	Zone 02	Zone 03	Zone 04	Zone 05	Zone 06
p	bar	3.243	3.243	3.243	3.243	3.243	3.243
T	K	451	453	529	602	646	543
Masse	%	$2.28 \cdot 10^{-4}$	$1.23 \cdot 10^{-4}$	$7.21 \cdot 10^{-4}$	$6.43 \cdot 10^{-3}$	$5.88 \cdot 10^{-3}$	$6.54 \cdot 10^{-4}$
$x_{cC_6H_{12}}$	-	$2.78 \cdot 10^{-2}$	$2.84 \cdot 10^{-2}$	$1.17 \cdot 10^{-2}$	$3.62 \cdot 10^{-3}$	$2.00 \cdot 10^{-3}$	$1.45 \cdot 10^{-2}$
$x_{iC_8H_{18}}$	-	$4.27 \cdot 10^{-2}$	$4.37 \cdot 10^{-2}$	$1.79 \cdot 10^{-2}$	$5.57 \cdot 10^{-3}$	$3.07 \cdot 10^{-3}$	$2.23 \cdot 10^{-2}$
$x_{iC_{12}H_{26}}$	-	$4.40 \cdot 10^{-2}$	$4.50 \cdot 10^{-2}$	$1.85 \cdot 10^{-2}$	$5.74 \cdot 10^{-3}$	$3.17 \cdot 10^{-3}$	$2.30 \cdot 10^{-2}$
x_{O_2}	-	$1.88 \cdot 10^{-1}$	$1.88 \cdot 10^{-1}$	$2.02 \cdot 10^{-1}$	$2.09 \cdot 10^{-1}$	$2.10 \cdot 10^{-1}$	$2.00 \cdot 10^{-1}$
x_{N_2}	-	$6.06 \cdot 10^{-1}$	$5.71 \cdot 10^{-1}$	$6.52 \cdot 10^{-1}$	$6.81 \cdot 10^{-1}$	$6.84 \cdot 10^{-1}$	$6.09 \cdot 10^{-1}$
x_{CO_2}	-	$4.34 \cdot 10^{-2}$	$5.87 \cdot 10^{-2}$	$4.63 \cdot 10^{-2}$	$4.52 \cdot 10^{-2}$	$4.62 \cdot 10^{-2}$	$6.24 \cdot 10^{-2}$
x_{H_2O}	-	$4.82 \cdot 10^{-2}$	$6.51 \cdot 10^{-2}$	$5.14 \cdot 10^{-2}$	$5.01 \cdot 10^{-2}$	$5.12 \cdot 10^{-2}$	$6.92 \cdot 10^{-2}$

	Einheit	Zone 07	Zone 08	Zone 09	Zone 10	Zone 11	Zone 12
p	bar	3.243	3.243	3.243	3.243	3.243	3.243
T	K	605	672	713	538	602	686
Masse	%	$8.69 \cdot 10^{-3}$	$1.16 \cdot 10^{-1}$	$2.15 \cdot 10^{-2}$	$3.23 \cdot 10^{-4}$	$4.31 \cdot 10^{-3}$	$1.15 \cdot 10^{-1}$
$x_{cC_6H_{12}}$	-	$4.22 \cdot 10^{-3}$	$1.89 \cdot 10^{-3}$	$9.97 \cdot 10^{-4}$	$1.22 \cdot 10^{-2}$	$5.62 \cdot 10^{-3}$	$2.33 \cdot 10^{-3}$
$x_{iC_8H_{18}}$	-	$6.49 \cdot 10^{-3}$	$2.90 \cdot 10^{-3}$	$1.53 \cdot 10^{-3}$	$1.87 \cdot 10^{-2}$	$8.64 \cdot 10^{-3}$	$3.58 \cdot 10^{-3}$
$x_{iC_{12}H_{26}}$	-	$6.69 \cdot 10^{-3}$	$2.99 \cdot 10^{-3}$	$1.58 \cdot 10^{-3}$	$1.93 \cdot 10^{-2}$	$8.90 \cdot 10^{-3}$	$3.69 \cdot 10^{-3}$
x_{O_2}	-	$2.09 \cdot 10^{-1}$	$2.11 \cdot 10^{-1}$	$2.11 \cdot 10^{-1}$	$2.02 \cdot 10^{-1}$	$2.08 \cdot 10^{-1}$	$2.10 \cdot 10^{-1}$
x_{N_2}	-	$6.59 \cdot 10^{-1}$	$6.68 \cdot 10^{-1}$	$6.66 \cdot 10^{-1}$	$5.96 \cdot 10^{-1}$	$6.28 \cdot 10^{-1}$	$6.46 \cdot 10^{-1}$
x_{CO_2}	-	$5.44 \cdot 10^{-2}$	$5.41 \cdot 10^{-2}$	$5.60 \cdot 10^{-2}$	$7.21 \cdot 10^{-2}$	$6.70 \cdot 10^{-2}$	$6.34 \cdot 10^{-2}$
x_{H_2O}	-	$6.03 \cdot 10^{-2}$	$6.00 \cdot 10^{-2}$	$6.21 \cdot 10^{-2}$	$7.99 \cdot 10^{-2}$	$7.43 \cdot 10^{-2}$	$7.03 \cdot 10^{-2}$

	Einheit	Zone 13	Zone 14	Zone 15	Zone 16	Zone 17	Zone 18
p	bar	3.243	3.243	3.243	3.243	3.243	3.243
T	K	730	596	685	740	660	688
Masse	%	$2.12 \cdot 10^{-1}$	$1.42 \cdot 10^{-3}$	$4.54 \cdot 10^{-2}$	$1.10 \cdot 10^{-1}$	$3.14 \cdot 10^{-4}$	$4.62 \cdot 10^{-3}$
$x_{cC_6H_{12}}$	-	$1.15 \cdot 10^{-3}$	$4.89 \cdot 10^{-3}$	$2.73 \cdot 10^{-3}$	$1.34 \cdot 10^{-3}$	$6.76 \cdot 10^{-4}$	$5.77 \cdot 10^{-4}$
$x_{iC_8H_{18}}$	-	$1.77 \cdot 10^{-3}$	$7.52 \cdot 10^{-3}$	$4.21 \cdot 10^{-3}$	$2.06 \cdot 10^{-3}$	$1.04 \cdot 10^{-3}$	$8.87 \cdot 10^{-4}$
$x_{iC_{12}H_{26}}$	-	$1.82 \cdot 10^{-3}$	$7.74 \cdot 10^{-3}$	$4.33 \cdot 10^{-3}$	$2.12 \cdot 10^{-3}$	$1.07 \cdot 10^{-3}$	$9.14 \cdot 10^{-4}$
x_{O_2}	-	$2.12 \cdot 10^{-1}$	$2.09 \cdot 10^{-1}$	$2.11 \cdot 10^{-1}$	$2.12 \cdot 10^{-1}$	$2.11 \cdot 10^{-1}$	$2.12 \cdot 10^{-1}$
x_{N_2}	-	$6.49 \cdot 10^{-1}$	$6.13 \cdot 10^{-1}$	$6.22 \cdot 10^{-1}$	$6.33 \cdot 10^{-1}$	$6.91 \cdot 10^{-1}$	$6.75 \cdot 10^{-1}$
x_{CO_2}	-	$6.40 \cdot 10^{-2}$	$7.50 \cdot 10^{-2}$	$7.41 \cdot 10^{-2}$	$7.13 \cdot 10^{-2}$	$4.50 \cdot 10^{-2}$	$5.26 \cdot 10^{-2}$
x_{H_2O}	-	$7.09 \cdot 10^{-2}$	$8.32 \cdot 10^{-2}$	$8.22 \cdot 10^{-2}$	$7.90 \cdot 10^{-2}$	$5.00 \cdot 10^{-2}$	$5.83 \cdot 10^{-2}$

	Einheit	Zone 19	Zone 20	Zone 21	Zone 22	Zone 23	Zone 24
p	bar	3.243	3.243	3.243	3.243	3.243	3.243
T	K	719	694	660	687	767	612
Masse	%	$1.97 \cdot 10^{-2}$	$1.37 \cdot 10^{-3}$	$3.14 \cdot 10^{-4}$	$4.42 \cdot 10^{-4}$	$3.66 \cdot 10^{-2}$	$1.17 \cdot 10^{-4}$
$x_{cC_6H_{12}}$	-	$5.83 \cdot 10^{-4}$	$4.59 \cdot 10^{-4}$	$6.76 \cdot 10^{-4}$	$3.66 \cdot 10^{-4}$	$3.95 \cdot 10^{-4}$	$3.33 \cdot 10^{-4}$
$x_{iC_8H_{18}}$	-	$8.97 \cdot 10^{-4}$	$7.06 \cdot 10^{-4}$	$1.04 \cdot 10^{-3}$	$5.63 \cdot 10^{-4}$	$6.07 \cdot 10^{-4}$	$5.13 \cdot 10^{-4}$
$x_{iC_{12}H_{26}}$	-	$9.24 \cdot 10^{-4}$	$7.27 \cdot 10^{-4}$	$1.07 \cdot 10^{-3}$	$5.80 \cdot 10^{-4}$	$6.25 \cdot 10^{-4}$	$5.29 \cdot 10^{-4}$
x_{O_2}	-	$2.12 \cdot 10^{-1}$	$2.12 \cdot 10^{-1}$	$2.11 \cdot 10^{-1}$	$2.12 \cdot 10^{-1}$	$2.12 \cdot 10^{-1}$	$2.12 \cdot 10^{-1}$
x_{N_2}	-	$6.68 \cdot 10^{-1}$	$6.59 \cdot 10^{-1}$	$6.91 \cdot 10^{-1}$	$6.35 \cdot 10^{-1}$	$6.37 \cdot 10^{-1}$	$6.79 \cdot 10^{-1}$
x_{CO_2}	-	$5.57 \cdot 10^{-2}$	$6.03 \cdot 10^{-2}$	$4.50 \cdot 10^{-2}$	$7.16 \cdot 10^{-2}$	$7.06 \cdot 10^{-2}$	$5.11 \cdot 10^{-2}$
x_{H_2O}	-	$6.18 \cdot 10^{-2}$	$6.69 \cdot 10^{-2}$	$5.00 \cdot 10^{-2}$	$7.94 \cdot 10^{-2}$	$7.83 \cdot 10^{-2}$	$5.67 \cdot 10^{-2}$

	Einheit	Zone 25	Zone 26	Zone 27	Zone 28	Zone 29	Zone 30
p	bar	3.243	3.243	3.243	3.243	3.243	3.243
T	K	686	718	744	682	741	688
Masse	%	$5.70 \cdot 10^{-3}$	$1.82 \cdot 10^{-2}$	$1.10 \cdot 10^{-1}$	$2.70 \cdot 10^{-3}$	$7.35 \cdot 10^{-2}$	$5.39 \cdot 10^{-4}$
$x_{cC_6H_{12}}$	-	$3.20 \cdot 10^{-4}$	$3.07 \cdot 10^{-4}$	$4.93 \cdot 10^{-4}$	$2.74 \cdot 10^{-4}$	$2.74 \cdot 10^{-4}$	$2.47 \cdot 10^{-4}$
$x_{iC_8H_{18}}$	-	$4.92 \cdot 10^{-4}$	$4.72 \cdot 10^{-4}$	$7.59 \cdot 10^{-4}$	$4.21 \cdot 10^{-4}$	$4.22 \cdot 10^{-4}$	$3.80 \cdot 10^{-4}$
$x_{iC_{12}H_{26}}$	-	$5.07 \cdot 10^{-4}$	$4.87 \cdot 10^{-4}$	$7.82 \cdot 10^{-4}$	$4.34 \cdot 10^{-4}$	$4.35 \cdot 10^{-4}$	$3.91 \cdot 10^{-4}$
x_{O_2}	-	$2.12 \cdot 10^{-1}$	$2.12 \cdot 10^{-1}$	$2.12 \cdot 10^{-1}$	$2.12 \cdot 10^{-1}$	$2.12 \cdot 10^{-1}$	$2.13 \cdot 10^{-1}$
x_{N_2}	-	$6.74 \cdot 10^{-1}$	$6.70 \cdot 10^{-1}$	$6.54 \cdot 10^{-1}$	$6.56 \cdot 10^{-1}$	$6.55 \cdot 10^{-1}$	$6.39 \cdot 10^{-1}$
x_{CO_2}	-	$5.36 \cdot 10^{-2}$	$5.52 \cdot 10^{-2}$	$6.27 \cdot 10^{-2}$	$6.19 \cdot 10^{-2}$	$6.23 \cdot 10^{-2}$	$6.99 \cdot 10^{-2}$
x_{H_2O}	-	$5.94 \cdot 10^{-2}$	$6.12 \cdot 10^{-2}$	$6.96 \cdot 10^{-2}$	$6.87 \cdot 10^{-2}$	$6.91 \cdot 10^{-2}$	$7.75 \cdot 10^{-2}$

	Einheit	Zone 31	Zone 32	Zone 33	Zone 34	Zone 35	Zone 36
p	bar	3.243	3.243	3.243	3.243	3.243	3.243
T	K	762	690	713	681	732	682
Masse	%	$1.62 \cdot 10^{-2}$	$7.87 \cdot 10^{-3}$	$1.07 \cdot 10^{-2}$	$3.18 \cdot 10^{-3}$	$3.22 \cdot 10^{-2}$	$3.75 \cdot 10^{-3}$
$x_{cC_6H_{12}}$	-	$2.54 \cdot 10^{-4}$	$2.31 \cdot 10^{-4}$	$2.27 \cdot 10^{-4}$	$2.02 \cdot 10^{-4}$	$2.03 \cdot 10^{-4}$	$1.88 \cdot 10^{-4}$
$x_{iC_8H_{18}}$	-	$3.91 \cdot 10^{-4}$	$3.55 \cdot 10^{-4}$	$3.49 \cdot 10^{-4}$	$3.10 \cdot 10^{-4}$	$3.12 \cdot 10^{-4}$	$2.89 \cdot 10^{-4}$
$x_{iC_{12}H_{26}}$	-	$4.03 \cdot 10^{-4}$	$3.66 \cdot 10^{-4}$	$3.59 \cdot 10^{-4}$	$3.20 \cdot 10^{-4}$	$3.22 \cdot 10^{-4}$	$2.98 \cdot 10^{-4}$
x_{O_2}	-	$2.13 \cdot 10^{-1}$	$2.12 \cdot 10^{-1}$	$2.12 \cdot 10^{-1}$	$2.12 \cdot 10^{-1}$	$2.12 \cdot 10^{-1}$	$2.12 \cdot 10^{-1}$
x_{N_2}	-	$6.40 \cdot 10^{-1}$	$6.75 \cdot 10^{-1}$	$6.71 \cdot 10^{-1}$	$6.57 \cdot 10^{-1}$	$6.57 \cdot 10^{-1}$	$6.77 \cdot 10^{-1}$
x_{CO_2}	-	$6.95 \cdot 10^{-2}$	$5.32 \cdot 10^{-2}$	$5.49 \cdot 10^{-2}$	$6.16 \cdot 10^{-2}$	$6.17 \cdot 10^{-2}$	$5.22 \cdot 10^{-2}$
x_{H_2O}	-	$7.71 \cdot 10^{-2}$	$5.90 \cdot 10^{-2}$	$6.09 \cdot 10^{-2}$	$6.84 \cdot 10^{-2}$	$6.84 \cdot 10^{-2}$	$5.79 \cdot 10^{-2}$

	Einheit	Zone 37	Zone 38	Zone 39	Zone 40	Zone 41
p	bar	3.243	3.243	3.243	3.243	3.243
T	K	711	677	718	621	466
Masse	%	$1.12 \cdot 10^{-3}$	$7.42 \cdot 10^{-4}$	$1.24 \cdot 10^{-3}$	$3.28 \cdot 10^{-4}$	$7.73 \cdot 10^{-5}$
$x_{cC_6H_{12}}$	-	$1.85 \cdot 10^{-4}$	$1.66 \cdot 10^{-4}$	$1.73 \cdot 10^{-4}$	$2.39 \cdot 10^{-4}$	$2.79 \cdot 10^{-2}$
$x_{iC_8H_{18}}$	-	$2.85 \cdot 10^{-4}$	$2.55 \cdot 10^{-4}$	$2.67 \cdot 10^{-4}$	$3.68 \cdot 10^{-4}$	$4.29 \cdot 10^{-2}$
$x_{iC_{12}H_{26}}$	-	$2.94 \cdot 10^{-4}$	$2.63 \cdot 10^{-4}$	$2.75 \cdot 10^{-4}$	$3.79 \cdot 10^{-4}$	$4.42 \cdot 10^{-2}$
x_{O_2}	-	$2.12 \cdot 10^{-1}$	$2.12 \cdot 10^{-1}$	$2.12 \cdot 10^{-1}$	$2.12 \cdot 10^{-1}$	$1.88 \cdot 10^{-1}$
x_{N_2}	-	$6.71 \cdot 10^{-1}$	$6.62 \cdot 10^{-1}$	$6.62 \cdot 10^{-1}$	$6.76 \cdot 10^{-1}$	$5.59 \cdot 10^{-1}$
x_{CO_2}	-	$5.51 \cdot 10^{-2}$	$5.94 \cdot 10^{-2}$	$5.92 \cdot 10^{-2}$	$5.28 \cdot 10^{-2}$	$6.54 \cdot 10^{-2}$
x_{H_2O}	-	$6.11 \cdot 10^{-2}$	$6.59 \cdot 10^{-2}$	$6.57 \cdot 10^{-2}$	$5.85 \cdot 10^{-2}$	$7.25 \cdot 10^{-2}$

Tabelle A.5: Eingabeparameter des Mehrzonenmodells für 4/4/4 Raster und frühen Einspritzzeitpunkt (380 °KW v. ZOT).

	Einheit	Zone 01	Zone 02	Zone 03	Zone 04	Zone 05	Zone 06
p	bar	3.335	3.335	3.335	3.335	3.335	3.335
T	K	593	653	670	590	656	694
Masse	%	$1.41 \cdot 10^{-4}$	$1.76 \cdot 10^{-2}$	$9.18 \cdot 10^{-3}$	$7.22 \cdot 10^{-5}$	$2.36 \cdot 10^{-2}$	$5.31 \cdot 10^{-1}$
$x_{cC_6H_{12}}$	-	$1.04 \cdot 10^{-3}$	$1.29 \cdot 10^{-3}$	$1.23 \cdot 10^{-3}$	$1.21 \cdot 10^{-3}$	$1.39 \cdot 10^{-3}$	$1.22 \cdot 10^{-3}$
$x_{iC_8H_{18}}$	-	$1.60 \cdot 10^{-3}$	$1.98 \cdot 10^{-3}$	$1.90 \cdot 10^{-3}$	$1.86 \cdot 10^{-3}$	$2.14 \cdot 10^{-3}$	$1.88 \cdot 10^{-3}$
$x_{iC_{12}H_{26}}$	-	$1.65 \cdot 10^{-3}$	$2.04 \cdot 10^{-3}$	$1.95 \cdot 10^{-3}$	$1.92 \cdot 10^{-3}$	$2.21 \cdot 10^{-3}$	$1.94 \cdot 10^{-3}$
x_{O_2}	-	$2.11 \cdot 10^{-1}$	$2.11 \cdot 10^{-1}$	$2.11 \cdot 10^{-1}$	$2.11 \cdot 10^{-1}$	$2.11 \cdot 10^{-1}$	$2.11 \cdot 10^{-1}$
x_{N_2}	-	$6.87 \cdot 10^{-1}$	$6.80 \cdot 10^{-1}$	$6.77 \cdot 10^{-1}$	$6.58 \cdot 10^{-1}$	$6.64 \cdot 10^{-1}$	$6.56 \cdot 10^{-1}$
x_{CO_2}	-	$4.63 \cdot 10^{-2}$	$4.91 \cdot 10^{-2}$	$5.07 \cdot 10^{-2}$	$5.97 \cdot 10^{-2}$	$5.64 \cdot 10^{-2}$	$6.05 \cdot 10^{-2}$
x_{H_2O}	-	$5.13 \cdot 10^{-2}$	$5.45 \cdot 10^{-2}$	$5.63 \cdot 10^{-2}$	$6.62 \cdot 10^{-2}$	$6.25 \cdot 10^{-2}$	$6.71 \cdot 10^{-2}$

	Einheit	Zone 07	Zone 08	Zone 09	Zone 10	Zone 11	Zone 12
p	bar	3.335	3.335	3.335	3.335	3.335	3.335
T	K	590	649	716	743	655	711
Masse	%	$3.06 \cdot 10^{-5}$	$2.08 \cdot 10^{-3}$	$1.58 \cdot 10^{-1}$	$1.21 \cdot 10^{-1}$	$9.21 \cdot 10^{-5}$	$3.88 \cdot 10^{-3}$
$x_{cC_6H_{12}}$	-	$1.40 \cdot 10^{-3}$	$1.39 \cdot 10^{-3}$	$1.43 \cdot 10^{-3}$	$1.60 \cdot 10^{-3}$	$1.43 \cdot 10^{-3}$	$2.15 \cdot 10^{-3}$
$x_{iC_8H_{18}}$	-	$2.15 \cdot 10^{-3}$	$2.14 \cdot 10^{-3}$	$2.20 \cdot 10^{-3}$	$2.47 \cdot 10^{-3}$	$2.20 \cdot 10^{-3}$	$3.31 \cdot 10^{-3}$
$x_{iC_{12}H_{26}}$	-	$2.22 \cdot 10^{-3}$	$2.20 \cdot 10^{-3}$	$2.27 \cdot 10^{-3}$	$2.54 \cdot 10^{-3}$	$2.27 \cdot 10^{-3}$	$3.41 \cdot 10^{-3}$
x_{O_2}	-	$2.12 \cdot 10^{-1}$	$2.12 \cdot 10^{-1}$	$2.12 \cdot 10^{-1}$	$2.12 \cdot 10^{-1}$	$2.12 \cdot 10^{-1}$	$2.12 \cdot 10^{-1}$
x_{N_2}	-	$6.26 \cdot 10^{-1}$	$6.23 \cdot 10^{-1}$	$6.30 \cdot 10^{-1}$	$6.16 \cdot 10^{-1}$	$5.96 \cdot 10^{-1}$	$5.90 \cdot 10^{-1}$
x_{CO_2}	-	$7.43 \cdot 10^{-2}$	$7.58 \cdot 10^{-2}$	$7.24 \cdot 10^{-2}$	$7.84 \cdot 10^{-2}$	$8.80 \cdot 10^{-2}$	$8.97 \cdot 10^{-2}$
x_{H_2O}	-	$8.24 \cdot 10^{-2}$	$8.40 \cdot 10^{-2}$	$8.03 \cdot 10^{-2}$	$8.69 \cdot 10^{-2}$	$9.76 \cdot 10^{-2}$	$9.95 \cdot 10^{-2}$

	Einheit	Zone 13	Zone 14	Zone 15	Zone 16	Zone 17	Zone 18
p	bar	3.335	3.335	3.335	3.335	3.335	3.335
T	K	767	593	652	670	588	660
Masse	%	$4.15 \cdot 10^{-2}$	$2.16 \cdot 10^{-4}$	$1.35 \cdot 10^{-2}$	$9.17 \cdot 10^{-3}$	$1.54 \cdot 10^{-4}$	$7.46 \cdot 10^{-3}$
$x_{cC_6H_{12}}$	-	$1.80 \cdot 10^{-3}$	$6.08 \cdot 10^{-4}$	$5.65 \cdot 10^{-4}$	$5.91 \cdot 10^{-4}$	$6.25 \cdot 10^{-4}$	$5.96 \cdot 10^{-4}$
$x_{iC_8H_{18}}$	-	$2.77 \cdot 10^{-3}$	$9.36 \cdot 10^{-4}$	$8.69 \cdot 10^{-4}$	$9.09 \cdot 10^{-4}$	$9.62 \cdot 10^{-4}$	$9.18 \cdot 10^{-4}$
$x_{iC_{12}H_{26}}$	-	$2.85 \cdot 10^{-3}$	$9.64 \cdot 10^{-4}$	$8.96 \cdot 10^{-4}$	$9.37 \cdot 10^{-4}$	$9.91 \cdot 10^{-4}$	$9.45 \cdot 10^{-4}$
x_{O_2}	-	$2.12 \cdot 10^{-1}$	$2.11 \cdot 10^{-1}$	$2.11 \cdot 10^{-1}$	$2.12 \cdot 10^{-1}$	$2.12 \cdot 10^{-1}$	$2.12 \cdot 10^{-1}$
x_{N_2}	-	$5.90 \cdot 10^{-1}$	$6.94 \cdot 10^{-1}$	$6.84 \cdot 10^{-1}$	$6.80 \cdot 10^{-1}$	$6.72 \cdot 10^{-1}$	$6.71 \cdot 10^{-1}$
x_{CO_2}	-	$9.02 \cdot 10^{-2}$	$4.39 \cdot 10^{-2}$	$4.83 \cdot 10^{-2}$	$5.02 \cdot 10^{-2}$	$5.41 \cdot 10^{-2}$	$5.44 \cdot 10^{-2}$
x_{H_2O}	-	$1.00 \cdot 10^{-1}$	$4.86 \cdot 10^{-2}$	$5.35 \cdot 10^{-2}$	$5.57 \cdot 10^{-2}$	$6.00 \cdot 10^{-2}$	$6.04 \cdot 10^{-2}$

	Einheit	Zone 19	Zone 20	Zone 21	Zone 22	Zone 23	Zone 24
p	bar	3.335	3.335	3.335	3.335	3.335	3.335
T	K	682	644	687	599	653	669
Masse	%	$5.23 \cdot 10^{-2}$	$5.94 \cdot 10^{-5}$	$9.59 \cdot 10^{-5}$	$3.71 \cdot 10^{-5}$	$5.19 \cdot 10^{-3}$	$4.41 \cdot 10^{-4}$
$x_{cC_6H_{12}}$	-	$6.03 \cdot 10^{-4}$	$4.40 \cdot 10^{-4}$	$5.06 \cdot 10^{-4}$	$3.26 \cdot 10^{-4}$	$3.52 \cdot 10^{-4}$	$3.71 \cdot 10^{-4}$
$x_{iC_8H_{18}}$	-	$9.28 \cdot 10^{-4}$	$6.77 \cdot 10^{-4}$	$7.79 \cdot 10^{-4}$	$5.02 \cdot 10^{-4}$	$5.41 \cdot 10^{-4}$	$5.71 \cdot 10^{-4}$
$x_{iC_{12}H_{26}}$	-	$9.56 \cdot 10^{-4}$	$6.98 \cdot 10^{-4}$	$8.03 \cdot 10^{-4}$	$5.17 \cdot 10^{-4}$	$5.57 \cdot 10^{-4}$	$5.88 \cdot 10^{-4}$
x_{O_2}	-	$2.12 \cdot 10^{-1}$	$2.12 \cdot 10^{-1}$	$2.12 \cdot 10^{-1}$	$2.12 \cdot 10^{-1}$	$2.12 \cdot 10^{-1}$	$2.12 \cdot 10^{-1}$
x_{N_2}	-	$6.68 \cdot 10^{-1}$	$6.39 \cdot 10^{-1}$	$6.41 \cdot 10^{-1}$	$6.90 \cdot 10^{-1}$	$6.86 \cdot 10^{-1}$	$6.81 \cdot 10^{-1}$
x_{CO_2}	-	$5.58 \cdot 10^{-2}$	$6.96 \cdot 10^{-2}$	$6.86 \cdot 10^{-2}$	$4.60 \cdot 10^{-2}$	$4.79 \cdot 10^{-2}$	$5.00 \cdot 10^{-2}$
x_{H_2O}	-	$6.19 \cdot 10^{-2}$	$7.72 \cdot 10^{-2}$	$7.61 \cdot 10^{-2}$	$5.10 \cdot 10^{-2}$	$5.32 \cdot 10^{-2}$	$5.55 \cdot 10^{-2}$

	Einheit	Zone 25	Zone 26	Zone 27	Zone 28	Zone 29	Zone 30
p	bar	3.335	3.335	3.335	3.335	3.335	3.335
T	K	601	654	672	603	635	628
Masse	%	$5.49 \cdot 10^{-6}$	$1.11 \cdot 10^{-3}$	$1.73 \cdot 10^{-3}$	$3.50 \cdot 10^{-5}$	$8.11 \cdot 10^{-4}$	$1.00 \cdot 10^{-4}$
$x_{cC_6H_{12}}$	-	$3.05 \cdot 10^{-4}$	$3.17 \cdot 10^{-4}$	$3.40 \cdot 10^{-4}$	$2.51 \cdot 10^{-4}$	$2.56 \cdot 10^{-4}$	$2.41 \cdot 10^{-4}$
$x_{iC_8H_{18}}$	-	$4.70 \cdot 10^{-4}$	$4.88 \cdot 10^{-4}$	$5.23 \cdot 10^{-4}$	$3.86 \cdot 10^{-4}$	$3.93 \cdot 10^{-4}$	$3.71 \cdot 10^{-4}$
$x_{iC_{12}H_{26}}$	-	$4.84 \cdot 10^{-4}$	$5.03 \cdot 10^{-4}$	$5.39 \cdot 10^{-4}$	$3.98 \cdot 10^{-4}$	$4.05 \cdot 10^{-4}$	$3.82 \cdot 10^{-4}$
x_{O_2}	-	$2.12 \cdot 10^{-1}$	$2.12 \cdot 10^{-1}$	$2.12 \cdot 10^{-1}$	$2.12 \cdot 10^{-1}$	$2.12 \cdot 10^{-1}$	$2.12 \cdot 10^{-1}$
x_{N_2}	-	$6.66 \cdot 10^{-1}$	$6.74 \cdot 10^{-1}$	$6.72 \cdot 10^{-1}$	$6.95 \cdot 10^{-1}$	$6.89 \cdot 10^{-1}$	$6.76 \cdot 10^{-1}$
x_{CO_2}	-	$5.73 \cdot 10^{-2}$	$5.35 \cdot 10^{-2}$	$5.43 \cdot 10^{-2}$	$4.39 \cdot 10^{-2}$	$4.66 \cdot 10^{-2}$	$5.29 \cdot 10^{-2}$
x_{H_2O}	-	$6.36 \cdot 10^{-2}$	$5.94 \cdot 10^{-2}$	$6.03 \cdot 10^{-2}$	$4.87 \cdot 10^{-2}$	$5.17 \cdot 10^{-2}$	$5.87 \cdot 10^{-2}$

Tabelle A.6: Eingabeparameter des Mehrzonenmodells für 4/4/4 Raster und mittleren Einspritzzeitpunkt (320 °KW v. ZOT).

	Einheit	Zone 01	Zone 02	Zone 03	Zone 04	Zone 05	Zone 06
p	bar	3.290	3.290	3.290	3.290	3.290	3.290
T	K	446	477	561	662	684	570
Masse	%	$8.00 \cdot 10^{-5}$	$7.06 \cdot 10^{-5}$	$1.14 \cdot 10^{-3}$	$6.88 \cdot 10^{-2}$	$9.10 \cdot 10^{-4}$	$1.73 \cdot 10^{-4}$
$x_{cC_6H_{12}}$	-	$7.39 \cdot 10^{-2}$	$3.71 \cdot 10^{-2}$	$1.15 \cdot 10^{-2}$	$1.10 \cdot 10^{-3}$	$7.33 \cdot 10^{-4}$	$7.56 \cdot 10^{-3}$
$x_{iC_8H_{18}}$	-	$1.14 \cdot 10^{-1}$	$5.70 \cdot 10^{-2}$	$1.77 \cdot 10^{-2}$	$1.70 \cdot 10^{-3}$	$1.13 \cdot 10^{-3}$	$1.16 \cdot 10^{-2}$
$x_{iC_{12}H_{26}}$	-	$1.17 \cdot 10^{-1}$	$5.88 \cdot 10^{-2}$	$1.82 \cdot 10^{-2}$	$1.75 \cdot 10^{-3}$	$1.16 \cdot 10^{-3}$	$1.20 \cdot 10^{-2}$
x_{O_2}	-	$1.48 \cdot 10^{-1}$	$1.80 \cdot 10^{-1}$	$2.02 \cdot 10^{-1}$	$2.11 \cdot 10^{-1}$	$2.12 \cdot 10^{-1}$	$2.06 \cdot 10^{-1}$
x_{N_2}	-	$4.49 \cdot 10^{-1}$	$5.51 \cdot 10^{-1}$	$6.37 \cdot 10^{-1}$	$6.74 \cdot 10^{-1}$	$6.70 \cdot 10^{-1}$	$6.16 \cdot 10^{-1}$
x_{CO_2}	-	$4.69 \cdot 10^{-2}$	$5.48 \cdot 10^{-2}$	$5.37 \cdot 10^{-2}$	$5.23 \cdot 10^{-2}$	$5.46 \cdot 10^{-2}$	$6.94 \cdot 10^{-2}$
x_{H_2O}	-	$5.20 \cdot 10^{-2}$	$6.08 \cdot 10^{-2}$	$5.96 \cdot 10^{-2}$	$5.81 \cdot 10^{-2}$	$6.05 \cdot 10^{-2}$	$7.70 \cdot 10^{-2}$

	Einheit	Zone 07	Zone 08	Zone 09	Zone 10	Zone 11	Zone 12
p	bar	3.290	3.290	3.290	3.290	3.290	3.290
T	K	669	711	580	663	743	584
Masse	%	$1.69 \cdot 10^{-1}$	$5.53 \cdot 10^{-1}$	$1.15 \cdot 10^{-5}$	$3.39 \cdot 10^{-3}$	$1.22 \cdot 10^{-1}$	$4.54 \cdot 10^{-5}$
$x_{cC_6H_{12}}$	-	$1.67 \cdot 10^{-3}$	$1.11 \cdot 10^{-3}$	$2.85 \cdot 10^{-3}$	$3.27 \cdot 10^{-3}$	$1.55 \cdot 10^{-3}$	$4.84 \cdot 10^{-4}$
$x_{iC_8H_{18}}$	-	$2.57 \cdot 10^{-3}$	$1.71 \cdot 10^{-3}$	$4.39 \cdot 10^{-3}$	$5.02 \cdot 10^{-3}$	$2.39 \cdot 10^{-3}$	$7.44 \cdot 10^{-4}$
$x_{iC_{12}H_{26}}$	-	$2.65 \cdot 10^{-3}$	$1.76 \cdot 10^{-3}$	$4.53 \cdot 10^{-3}$	$5.18 \cdot 10^{-3}$	$2.46 \cdot 10^{-3}$	$7.66 \cdot 10^{-4}$
x_{O_2}	-	$2.11 \cdot 10^{-1}$	$2.12 \cdot 10^{-1}$	$2.11 \cdot 10^{-1}$	$2.11 \cdot 10^{-1}$	$2.12 \cdot 10^{-1}$	$2.11 \cdot 10^{-1}$
x_{N_2}	-	$6.50 \cdot 10^{-1}$	$6.38 \cdot 10^{-1}$	$6.05 \cdot 10^{-1}$	$5.93 \cdot 10^{-1}$	$6.04 \cdot 10^{-1}$	$6.93 \cdot 10^{-1}$
x_{CO_2}	-	$6.27 \cdot 10^{-2}$	$6.91 \cdot 10^{-2}$	$8.19 \cdot 10^{-2}$	$8.67 \cdot 10^{-2}$	$8.43 \cdot 10^{-2}$	$4.46 \cdot 10^{-2}$
x_{H_2O}	-	$6.96 \cdot 10^{-2}$	$7.66 \cdot 10^{-2}$	$9.08 \cdot 10^{-2}$	$9.61 \cdot 10^{-2}$	$9.35 \cdot 10^{-2}$	$4.94 \cdot 10^{-2}$

	Einheit	Zone 13	Zone 14	Zone 15	Zone 16	Zone 17	Zone 18
p	bar	3.290	3.290	3.290	3.290	3.290	3.290
T	K	661	686	556	666	710	584
Masse	%	$1.98 \cdot 10^{-2}$	$1.55 \cdot 10^{-3}$	$8.35 \cdot 10^{-7}$	$5.05 \cdot 10^{-3}$	$4.86 \cdot 10^{-2}$	$4.77 \cdot 10^{-6}$
$x_{cC_6H_{12}}$	-	$5.18 \cdot 10^{-4}$	$4.93 \cdot 10^{-4}$	$2.87 \cdot 10^{-4}$	$4.29 \cdot 10^{-4}$	$4.02 \cdot 10^{-4}$	$2.65 \cdot 10^{-4}$
$x_{iC_8H_{18}}$	-	$7.97 \cdot 10^{-4}$	$7.59 \cdot 10^{-4}$	$4.42 \cdot 10^{-4}$	$6.60 \cdot 10^{-4}$	$6.18 \cdot 10^{-4}$	$4.08 \cdot 10^{-4}$
$x_{iC_{12}H_{26}}$	-	$8.21 \cdot 10^{-4}$	$7.82 \cdot 10^{-4}$	$4.56 \cdot 10^{-4}$	$6.80 \cdot 10^{-4}$	$6.37 \cdot 10^{-4}$	$4.21 \cdot 10^{-4}$
x_{O_2}	-	$2.12 \cdot 10^{-1}$	$2.12 \cdot 10^{-1}$	$2.12 \cdot 10^{-1}$	$2.12 \cdot 10^{-1}$	$2.12 \cdot 10^{-1}$	$2.12 \cdot 10^{-1}$
x_{N_2}	-	$6.79 \cdot 10^{-1}$	$6.72 \cdot 10^{-1}$	$6.41 \cdot 10^{-1}$	$6.58 \cdot 10^{-1}$	$6.51 \cdot 10^{-1}$	$6.87 \cdot 10^{-1}$
x_{CO_2}	-	$5.10 \cdot 10^{-2}$	$5.39 \cdot 10^{-2}$	$6.87 \cdot 10^{-2}$	$6.08 \cdot 10^{-2}$	$6.43 \cdot 10^{-2}$	$4.77 \cdot 10^{-2}$
x_{H_2O}	-	$5.66 \cdot 10^{-2}$	$5.98 \cdot 10^{-2}$	$7.62 \cdot 10^{-2}$	$6.74 \cdot 10^{-2}$	$7.13 \cdot 10^{-2}$	$5.29 \cdot 10^{-2}$

	Einheit	Zone 19	Zone 20	Zone 21	Zone 22	Zone 23	Zone 24
p	bar	3.290	3.290	3.290	3.290	3.290	3.290
T	K	641	694	575	650	708	580
Masse	%	$5.62 \cdot 10^{-4}$	$5.44 \cdot 10^{-6}$	$1.38 \cdot 10^{-5}$	$1.24 \cdot 10^{-3}$	$4.42 \cdot 10^{-3}$	$6.70 \cdot 10^{-6}$
$x_{cC_6H_{12}}$	-	$3.04 \cdot 10^{-4}$	$3.11 \cdot 10^{-4}$	$2.04 \cdot 10^{-4}$	$2.32 \cdot 10^{-4}$	$2.40 \cdot 10^{-4}$	$2.14 \cdot 10^{-4}$
$x_{iC_8H_{18}}$	-	$4.67 \cdot 10^{-4}$	$4.79 \cdot 10^{-4}$	$3.14 \cdot 10^{-4}$	$3.57 \cdot 10^{-4}$	$3.70 \cdot 10^{-4}$	$3.29 \cdot 10^{-4}$
$x_{iC_{12}H_{26}}$	-	$4.81 \cdot 10^{-4}$	$4.93 \cdot 10^{-4}$	$3.24 \cdot 10^{-4}$	$3.68 \cdot 10^{-4}$	$3.81 \cdot 10^{-4}$	$3.39 \cdot 10^{-4}$
x_{O_2}	-	$2.12 \cdot 10^{-1}$	$2.12 \cdot 10^{-1}$	$2.12 \cdot 10^{-1}$	$2.12 \cdot 10^{-1}$	$2.12 \cdot 10^{-1}$	$2.12 \cdot 10^{-1}$
x_{N_2}	-	$6.82 \cdot 10^{-1}$	$6.72 \cdot 10^{-1}$	$6.54 \cdot 10^{-1}$	$6.54 \cdot 10^{-1}$	$6.52 \cdot 10^{-1}$	$6.92 \cdot 10^{-1}$
x_{CO_2}	-	$5.00 \cdot 10^{-2}$	$5.44 \cdot 10^{-2}$	$6.28 \cdot 10^{-2}$	$6.29 \cdot 10^{-2}$	$6.37 \cdot 10^{-2}$	$4.51 \cdot 10^{-2}$
x_{H_2O}	-	$5.55 \cdot 10^{-2}$	$6.03 \cdot 10^{-2}$	$6.96 \cdot 10^{-2}$	$6.98 \cdot 10^{-2}$	$7.07 \cdot 10^{-2}$	$5.00 \cdot 10^{-2}$

	Einheit	Zone 25	Zone 26
p	bar	3.290	3.290
T	K	624	555
Masse	%	$1.19 \cdot 10^{-5}$	$8.17 \cdot 10^{-7}$
$x_{cC_6H_{12}}$	-	$2.11 \cdot 10^{-4}$	$1.81 \cdot 10^{-4}$
$x_{iC_8H_{18}}$	-	$3.25 \cdot 10^{-4}$	$2.79 \cdot 10^{-4}$
$x_{iC_{12}H_{26}}$	-	$3.35 \cdot 10^{-4}$	$2.87 \cdot 10^{-4}$
x_{O_2}	-	$2.12 \cdot 10^{-1}$	$2.12 \cdot 10^{-1}$
x_{N_2}	-	$6.83 \cdot 10^{-1}$	$6.54 \cdot 10^{-1}$
x_{CO_2}	-	$4.94 \cdot 10^{-2}$	$6.29 \cdot 10^{-2}$
x_{H_2O}	-	$5.48 \cdot 10^{-2}$	$6.98 \cdot 10^{-2}$

Literaturverzeichnis

[1] ACEVES, S. M. ; FLOWERS, D. L. ; MARTINEZ-FRIAS, J. ; ESPINOSA-LOZA, F. ; PITZ, W. J. ; DIBBLE, R.: Fuel and Additive Characterization for HCCI Combustion. *SAE Technical Paper Series* 2003-01-1814 (2003)

[2] ACEVES, S. M. ; FLOWERS, D. L. ; MARTINEZ-FRIAS, J. ; SMITH, J. R. ; DIBBLE, R. ; AU, M. ; GIRARD, J.: HCCI Combustion: Analysis and Experiments. *SAE Technical Paper Series* 2001-01-2077 (2001)

[3] ACEVES, S. M. ; FLOWERS, D. L. ; WESTBROOK, C. K. ; SMITH, J. R. ; PITZ, W. ; DIBBLE, R. ; CHRISTENSEN, M. ; JOHANSSON, B.: A Multi-Zone Model for Prediction of HCCI Combustion and Emissions. *SAE Technical Paper Series* 2000-01-0327 (2000)

[4] AHMED, S. S. ; MORÉAC, G. ; ZEUCH, T. ; MAUSS, F.: Reduced Mechanism for the Oxidation of the Mixtures of n-Heptane and iso-Octane. In: *Proceedings of the European Combustion Meeting*. Louvain-la-Neuve, 2005

[5] ALT, M. ; GREBE, U. ; NAJT, P. ; WERMUTH, N. ; HUEBLER, M. ; REUSS, D.: HCCI-vom thermodynamischen Potential zum realen Kraftstoffverbrauch im Mehrzylinder-Ottomotor. 11. Tagung, „Der Arbeitsprozess des Verbrennungsmotors", Graz, 20./21. September, 2007

[6] AMANO, T. ; MORIMOTO, S. ; KAWABATA, Y.: Modeling of the Effect of Air/Fuel Ratio and Temperature Distribution on HCCI Engines. *SAE Technical Paper Series* 2001-01-1024 (2001)

[7] ANDRAE, J. C. G. ; BJÖRNBOM, P. ; CRACKNELL, R. F. ; KALGHATGI, G. T.: Autoignition of toluene reference fuels at high pressures modeled with detailed chemical kinetics. *Combustion and Flame* 149 (2007), S. 2–24

[8] AOYAMA, T. ; HATTORI, Y. ; MIZUTA, J. ; SATO, Y.: An Experimental Study on Premixed-Charge Compression Ignition Gasoline Engine. *SAE Technical Paper Series* 960081 (1996)

[9] BAKALI, A. E. ; BRAUN-UNKHOFF, M. ; DAGAUT, P. ; FRANK, P. ; CATHONNET, M.:
     Detailed Kinetic Reaction Mechanism for Cyclohexane Oxidation at Pressure up to
     ten Atmospheres. *Proceedings of the Combustion Institute* 28 (2000), S. 1631–1638

[10] BÄUERLE, B.: *Untersuchung der zeitlichen Entwicklung von Klopfzentren im Endgas
     eines Zweitakt–Ottomotors mittels zweidimensionaler laserinduzierter Fluoreszenz von
     Formaldehyd*, Fakultät Energietechnik. Universität Stuttgart, Dissertation, 2001

[11] BENSON, S. W.: *Thermochemical Kinetics*. John Wiley & Sons, Inc., 1968

[12] BHAVE, A. ; KRAFT, M. ; MAUSS, F. ; OAKLEY, A. ; ZHAO, H.: Evaluating the EGR-
     AFR Operating Range of a HCCI Engine. *SAE Technical Paper Series* 2005-01-0161
     (2005)

[13] BHAVE, A. ; KRAFT, M. ; MONTORSI, L. ; MAUSS, F.: Modelling a Dual-fuelled
     Multi-cylinder HCCI Engine Using a PDF based Engine Cycle Simulator. *SAE
     Technical Paper Series* 2004-01-0561 (2004)

[14] BISETTI, F. ; CHEN, J. Y. ; HAWKES, E. R. ; CHEN, J. H.: Probability density
     function treatment of turbulence/chemistry interactions during the ignition of a
     temperature-stratified mixture for application to HCCI engine modeling. *Combu-
     stion and Flame* 155 (2008), S. 571–584

[15] BLUROCK, E. S.: Reaction: System for Modelling Chemical Reactions. *Journal of
     Chemical Information and Computer Sciences* 35 (1995), S. 607–616

[16] BLUROCK, E. S.: Reaction: System for Modelling Chemical Reactions I. Generation
     of Reaction Mechanisms. *Program Manual* (1995)

[17] BLUROCK, E. S.: Reaction: System for Modelling Chemical Reactions II. Analysing
     and Using Generated Reaction Mechanisms. *Program Manual* (1995)

[18] CAO, L. ; ZHAO, H. ; JIANG, X.: Analysis of Controlled Auto-Ignition/HCCI Com-
     bustion in a Direct Injection Gasoline Engine with Single and Split Fuel Injections.
     Combustion Science and Technology 180 (2008), Nr. 1, S. 176–205

[19] CAVALLOTTIA, C. ; ROTA, R. ; FARAVELLIA, T. ; RANZI, E.: Ab initio evaluation
     of primary cyclo-hexane oxidation reaction rates. *Proceedings of the Combustion
     Institute* 31 (2007), S. 201–209

[20] CHANG, J. ; GÜRALP, O. ; FILIPI, Z. ; ASSANIS, D. ; KUO, T.-W. ; NAJT, P. ; RASK,
     R.: New heat transfer correlation for an HCCI engine derived from measurements
     of instantaneous surface heat flux. *SAE Technical Paper Series* 2004-01-2996 (2004)

[21] CHEN, J. H. ; HAWKES, E. R. ; SANKARAN, R. ; MASON, S. D. ; IM, H. G.: Direct numerical simulations of ignition front propagation in a constant volume with temperature inhomogeneities I. Fundamental analysis and diagnostics. *Combustion and Flame* 145 (2006), S. 128–144

[22] CHEVALIER, C.: *Entwicklung eines detaillierten Reaktionsmechanismus zur Modellierung der Verbrennungsprozesse von Kohlenwasserstoffen bei Hoch- und Niedertemperaturbedingungen*, Fakultät Energietechnik. Universität Stuttgart, Dissertation, 1993

[23] CHEVALIER, C. ; PITZ, W. J. ; WARNATZ, J. ; WESTBROOK, C. K. ; MELENK, H.: Hydrocarbon Ignition: Automatic Generation of Reaction Mechanisms and Applications to Modeling of Engine Knock. *Proceedings of the Combustion Institute* 24 (1992), S. 93–101

[24] CHRISTENSEN, M. ; JOHANSSON, B.: Homogeneous Charge Compression Ignition with Water Injection. *SAE Technical Paper Series* 1999-01-0182 (1999)

[25] CHRISTENSEN, M. ; JOHANSSON, B. ; AMNÉUS, P. ; MAUSS, F.: Supercharged Homogeneous Charge Compression Ignition. *SAE Technical Paper Series* 980787 (1998)

[26] CHRISTENSEN, M. ; JOHANSSON, B. ; EINEWALL, P.: Homogeneous Charge Compression Ignition (HCCI) using iso-octane, ethanol and natural gas - a Comparison with Spark Ignition Operation. *SAE Technical Paper Series* 972874 (1997)

[27] CÔME, G. M. ; WARTH, V. ; GLAUDE, P. A. ; FOURNET, R. ; BATTIN-LECLERC, F. ; SCACCHI, G.: Computer-aided design of gas-phase oxidation mechanism: Application to the modeling of n-heptane and iso-octane oxidation. *Proceedings of the Combustion Institute* 26 (1997), S. 755–762

[28] COOK, D. J. ; PITSCH, H. ; CHEN, J. H. ; HAWKES, E. R.: Flamelet-based modeling of auto-ignition with thermal inhomogeneities for application to HCCI engines. *Proceedings of the Combustion Institute* 31 (2007), S. 2903–2911

[29] CURRAN, H. J. ; GAFFURI, P. ; PITZ, W. J. ; WESTBROOK, C. K.: A comprehensive modeling study of n-heptane oxidation. *Combustion and Flame* 114 (1998), S. 149–177

[30] CURRAN, H. J. ; GAFFURI, P. ; PITZ, W. J. ; WESTBROOK, C. K.: A comprehensive modeling study of iso-octane oxidation. *Combustion and Flame* 129 (2002), S. 253–280

[31] CURRAN, H. J. ; PITZ, W. J. ; WESTBROOK, C. K. ; CALLAHAN, C. V. ; DRYER, F. L.: Oxidation of automotive primary reference fuels at elevated pressures. *Proceedings of the Combustion Institute* 27 (1998), S. 379–387

[32] DAILY, J. W.: Laser induced fluorescence spectroscopy in flames. *Progress in Energy and Combustion Science* 23 (1997), S. 133–199

[33] DEUFLHARD, P. ; HAIRER, E. ; ZUGCK, J.: One-step and Extrapolation Methods for Differential-Algebraic Systems. *Numerische Mathematik* (1987), Nr. 51, S. 501–516

[34] DIBBLE, R. ; AU, M. ; GIRARD, J. ; ACEVES, S. M. ; FLOWERS, D. L. ; MARTINEZ-FRIAS, J. ; SMITH, J. R.: A Review of HCCI Combustion at UC Berkeley and LLNL. *SAE Technical Paper Series* 2001-01-2511 (2001)

[35] EASLEY, W. L. ; AGARWAL, A. ; LAVOIE, G. A.: Modeling of HCCI Combustion and Emissions Using Detailed Chemistry. *SAE Technical Paper Series* 2001-01-1029 (2001)

[36] ECKBRETH, A. C.: *Laser Diagnostics for Combustion Temperature and Species.* 2. Aufl. Gordan and Breach Publishers, 1996

[37] FIEWEGER, K. ; BLUMENTHAL, R. ; ADOMEIT, G.: Self–ignition of S.I. engine model fuels: A shock tube investigation at high pressure. *Combustion and Flame* 109 (1997), S. 599–619

[38] FIVELAND, S. B. ; ASSANIS, D. N.: A Four-Stroke Homogeneous Charge Compression Ignition Engine Simulation for Combustion and Performance Studies. *SAE Technical Paper Series* 2000-01-0332 (2000)

[39] FIVELAND, S. B. ; ASSANIS, D. N.: Development of a Two-Zone HCCI Combustion Model Accounting for Boundary Layer Effects. *SAE Technical Paper Series* 2001-01-1028 (2001)

[40] FIVELAND, S. B. ; ASSANIS, D. N.: Experimental and Simulated Results Detailing the Sensitivity of Natural Gas HCCI Engines to Fuel Composition. *SAE Technical Paper Series* 2001-01-3609 (2001)

[41] FLOWERS, D. L.: *Combustion in Homogeneous Ignition Engines: Experiments and Detailed Chemical Kinetic Simulations*, University of California, Dissertation, 2001

[42] FLOWERS, D. L. ; ACEVES, S. M. ; SMITH, R. ; TORRES, J. ; GIRARD, J. ; DIBBLE, R.: HCCI In a CFR Engine: Experiments And Detailed Kinetic Modeling. *SAE Technical Paper Series* 2000-01-0328 (2000)

[43] GENTILI, R. ; FRIGO, S. ; TOGNOTTI, L. ; HABERT, P. ; LAVY, J.: Experimental Study on ATAC (Active Thermo-Atmosphere Combustion) in a Two-Stroke Gasoline Engine. *SAE Technical Paper Series* 970363 (1997)

[44] GHONIEM, A. F.: Needs, resources and climate change: Clean and efficient conversion technologies. *Progress in Energy and Combustion Science* 37 (2011), Nr. 1, S. 15–51

[45] GILBERT, R. G. ; LUTHER, K. ; TROE, J.: Theory of Thermal Unimolecular Reactions in the Fall-off Range. *Berichte der Bunsen-Gesellschaft Physikalische Chemie* 87 (1983), S. 169–177

[46] GOLDSBOROUGH, S. ; BLARIGAN, P. V.: A numerical study of a free piston IC engine operating on homogeneous charge compression ignition combustion. *SAE Technical Paper Series* 1999-01-0609 (1999)

[47] GOLOVITCHEV, V.: *http://www.tfd.chalmers.se /~valeri/MECH.html* (2004)

[48] GRAY, A. ; RYAN III, T. W.: Homogeneous Charge Compression Ignition (HCCI) of Diesel Fuel. *SAE Technical Paper Series* 971676 (1997)

[49] GREEN, W. H. ; BARTON, P. I. ; BHATTACHARJEE, B. ; MATHEU, D. M. ; SCHWER, D. A. ; SONG, J. ; SUMATHI, R. ; CARSTENSEN, H.-H. ; DEAN, A. M. ; GRENDA, J. M.: Computer Construction of Detailed Chemical Kinetic Models for Gas-Phase Reactors. *Industrial and Engineering Chemistry Research* 40 (2001), Nr. 23, S. 5362–5370

[50] GRIFFITHS, J. F. ; BARNARD, J. A.: *Flame and combustion.* 3. Aufl. Blackie Academic & Professional, 1995

[51] GÜNTHNER, M.: *Untersuchung der Eigenschaften und Kontrollmöglichkeiten der homogen kompressionsgezündeten Verbrennung von Ottokraftstoffen*, Fakultät Maschinenbau. Universität Karlsruhe, Dissertation, 2004

[52] HAJIREZA, S.: *Development of zonal models for analysis of engine knock*, Department of Heat and Power Engineering. Lund Institute of Technology, Dissertation, 2000

[53] HALSTEAD, M. P. ; KIRSCH, L. J. ; QUINN, C. P.: The Autoignition of Hydrocarbon Fuels at High Temperatures and Pressures - Fitting of a Mathematical Model. *Combustion and Flame* 30 (1977), S. 45–60

[54] HANDFORD-STYRING, S. M. ; WALKER, R. W.: Arrhenius parameters for the reaction HO2 + cyclohexane between 673 and 773 K, and for H atom transfer in cyclohexylperoxy radicals. *Physical Chemistry Chemical Physics* 3 (2001), S. 2043–2052

[55] HARALDSSON, G. ; TUNESTÅL, P. ; JOHANSSON, B. ; HYVÖNEN, J.: HCCI Combustion Phasing with Closed-Loop Combustion Control Using Variable Compression Ratio in a Multi Cylinder Engine. *SAE Technical Paper Series* 2003-01-1830 (2003)

[56] HAWKES, E. R. ; SANKARAN, R. ; PÉBAY, P. P. ; CHEN, J. H.: Direct numerical simulations of ignition front propagation in a constant volume with temperature inhomogeneities II. Parametric study. *Combustion and Flame* 145 (2006), S. 145–159

[57] HENSEL, S.: *Modellierung der Verbrennung und des Wandwärmeübergangs in Otto-motoren mit homogen kompressionsgezündeter Verbrennung*, Fakultät Maschinenbau. Universität Karlsruhe, Dissertation, 2009

[58] HENSEL, S. ; SAUTER, W. ; KUBACH, H. ; VELJI, A. ; SPICHER, U. ; SCHUBERT, A. ; HOFRATH, Ch. ; SCHIESSL, R. ; MAAS, U.: Numerische Simulation des Reaktions-fortschrittes in einem Ottomotor mit kompressionsgezündeter Verbrennung. 11. Tagung, „Der Arbeitsprozess des Verbrennungsmotors", Graz, 20./21. September, 2007

[59] HEYWOOD, J. B.: *Internal Combustion Engine Fundamentals*. McGraw-Hill, 1988

[60] HEYWOOD, J. B. ; SHER, E.: *The Two-Stroke Cycle Engine*. Taylor & Francis Group, 1999

[61] HWANG, W. ; DEC, J. E. ; SJÖBERG, M.: Spectroscopic and chemical-kinetic analy-sis of the phases of HCCI autoignition and combustion for single- and two-stage ignition fuels. *Combustion and Flame* 154 (2008), S. 387–409

[62] IIDA, M. ; HAYASHI, M. ; FOSTER, D. E. ; MARTIN, J. K.: Characteristics of Homo-geneous Charge Compression Ignition (HCCI) Engine Opteration for Variations in Compression Ratio, Speed, and Intake Temperature While Using n-Butane as a Fuel. *Transactions of the ASME* 125 (2003), S. 472–478

[63] IIDA, N.: Alternative Fuels and Homogeneous Charge Compression Ignition Com-bustion Technology. *SAE Technical Paper Series* 972071 (1997)

[64] IIJIMA, A. ; YOSHIDA, K. ; SHOJI, H.: A Comparative Study of HCCI and ATAC Combustion Characteristics Based on Experimentation and Simulations - Influ-ence of the Fuel Octane Number and Internal EGR on Combustion. *SAE Technical Paper Series* 2005-01-3732 (2005)

[65] ISHIBASHI, Y. ; ASAI, M.: Improving the Exhaust Emissions of Two-Stroke Engines by Applying the Activated Radical Combustion. *SAE Technical Paper Series* 960742 (1996)

[66] JOHANSSON, B.: Homogeneous Charge Compression Ignition - the future of IC engines? *International Journal of Vehical Design* 44 (2007), Nr. 1-2, S. 1–19

[67] KAHRSTEDT, J. ; BUSCHMANN, G. ; PREDELLI, O. ; KIRSTEN, K.: Homogenes Dieselbrennverfahren für EURO 5 und TIER 2/LEV 2 - Realisierung der modifizieren Prozessführung durch innovative Hardware- und Steuerungskonzepte. 25. Internationales Wiener Motorensymposium, Wien, 29/30 April, 2004

[68] KEE, R. J. ; RUPLEY, F. M. ; MILLER, J. A. ; COLTRIN, M. E. ; GRCAR, J. F. ; MEEKS, E. ; MOFFAT, H. K. ; LUTZ, A. E. ; DIXON-LEWIS, G. ; SMOOKE, M. D. ; WARNATZ, J. ; EVANS, G. H. ; LARSON, R. S. ; MITCHELL, R. E. ; PETZOLD, L. R. ; REYNOLDS, W. C. ; CARACOTSIOS, M. ; STEWART, W. E. ; GLARBORG, P. ; WANG, C. ; ADIGUN, O. ; HOUF, W. G. ; CHOU, C. P. ; MILLER, S. F. ; HO, P. ; YOUNG, D. J.: *CHEMKIN Release 4.0*. San Diego, CA: Reaction Design, Inc., 2004

[69] KIM, Y. ; MIN, K. ; KIM, M. S. ; CHUNG, S. H. ; BAE, C.: Development of a Reduced Chemical Kinetic Mechanism and Ignition Delay Measurement in a Rapid Compression Machine for CAI Combustion. *SAE Technical Paper Series* 2007-01-0218 (2007)

[70] KNEUBÜHL, F. K. ; SIGRIST, M. W.: *Laser*. 5. Aufl. B.G. Teubner, Stuttgart, 1999

[71] KRAFT, M. ; MAIGAARD, P. ; MAUSS, F. ; CHRISTENSEN, M. ; JOHANSSON, B.: Investigation of combustion emissions in a homogeneous charge compression injection engine: measurements and a new computational model. *Proceedings of the Combustion Institute* 28 (2000), S. 1195–1201

[72] LAVY, J. ; DABADIE, J.-C. ; ANGELBERGER, C. ; DURET, P. ; WILLAND, J. ; JURETZKA, A. ; SCHÄFLEIN, J. ; LENDRESSE, Y. ; SATRE, A. ; SCHULZ, C. ; KRÄMER, H. ; ZHAO, H. ; DAMIANO, L.: Innovative Ultra-low NOx Controlled Auto-Ignition Combustion Process for Gasoline Engines: the 4-SPACE Project. *SAE Technical Paper Series* 2000-01-1837 (2000)

[73] LEMAIRE, O. ; RIBAUCOUR, M. ; CARLIER, M. ; MINETTI, R.: The Production of Benzene in the Low-Temperature Oxidation of Cyclohexane, Cyclohexene, and Cyclohexa–1,3–diene. *Combustion and Flame* 127 (2001), S. 1971–1980

[74] LINDENMAIER, S.: *Zeitaufgelöste Laser-diagnostische Untersuchung der Funkenzündung*, Fakultät Energietechnik. Universität Stuttgart, Dissertation, 2002

[75] LOVELL, W. G.: Knocking Characteristics of Hydrocarbons. *Industrial and Engineering Chemistry* 40 (1948), Nr. 12, S. 2388–2438

[76] MAAS, U.: *Selbstzündung in Kohlenwasserstoff-Luft-Gemischen bis zu Oktan und ihre Beziehung zum Motorklopfen*, Naturwissenschaftlich-Mathematische Gesamtfakultät. Ruprecht-Karls-Universität Heidelberg, Diplomarbeit, 1985

[77] MAAS, U.: *Mathematische Modellierung instationärer Verbrennungsprozesse unter Verwendung detaillierter Reaktionsmechanismen*, Naturwissenschaftlich-Mathematische Gesamtfakultät. Ruprecht-Karls-Universität Heidelberg, Dissertation, 1988

[78] MAAS, U. ; POPE, S. B.: Implementation of Simplified Chemical Kinetics Based on Intrinsic Low–Dimensional Manifolds. *Proceedings of the Combustion Institute* 24 (1992), S. 103–112

[79] MAAS, U. ; POPE, S. B.: Simplifying Chemical Kinetics: Intrinsic Low-Dimensional Manifolds in Composition Space. *Combustion and Flame* 88 (1992), S. 239–264

[80] MAAS, U. ; WARNATZ, J.: Ignition Processes in Hydrogen-Oxygen Mixtures. *Combustion and Flame* 74 (1988), S. 53–69

[81] MAIWALD, O.: *Experimentelle Untersuchung und mathematische Modellierung von Verbrennungsprozessen in Motoren mit homogener Selbstzündung*, Fakultät Maschinenbau. Universität Karlsruhe, Dissertation, 2005

[82] MIYOSHI, A.: Development of an Auto-generation System for Detailed Kinetic Model of Combustion. *Transaction of Society of Automotive Engineers of Japan* 36 (2005), Nr. 5, S. 35–40

[83] MIYOSHI, A.: KUCRS software library. *version May 2005 beta, available from the author. See web: http://www.frad.t.u-tokyo.ac.jp/~miyoshi/KUCRS/ for contact and update information.* (2005)

[84] MUHARAM, Y.: *Detailed Kinetic Modelling of the Oxidation of Large Hydrocarbons Using an Automatic Generation of Mechanism*, Naturwissenschaftlich-Mathematische Gesamtfakultät. Ruprecht-Karls-Universität Heidelberg, Dissertation, 2005

[85] NAJT, P. M. ; FOSTER, D. E.: Compression-Ignited Homogeneous Charge Combustion. *SAE Technical Paper Series* 830264 (1983)

[86] NEHSE, M.: *Automatische Erstellung von detaillierten Reaktionsmechanismen zur Modellierung der Selbstzündung und laminarer Vormischflammen von gasförmigen Kohlenwasserstoff-Mischungen*, Naturwissenschaftlich-Mathematische Gesamtfakultät. Ruprecht-Karls-Universität Heidelberg, Dissertation, 2001

[87] NIEBERDING, R. G.: *Die Kompressionszündung magerer Gemische als motorisches Brennverfahren*, Fachbereich Maschinentechnik. Universität Siegen, Dissertation, 2001

[88] N.N.: *DynaMight Camera System, Operation Manual.* Göttingen, Deutschland: La-Vision, 1998

[89] N.N.: *FlameStar 2 Camera System, Operation Manual.* Göttingen, Deutschland: La-Vision, 1998

[90] N.N.: *LabView^{TM}, Benutzerhandbuch.* Austin, Texas: National Instruments, 2003

[91] N.N.: *Commission Regulation (EC) No 692/2008 of 18 July 2008 implementing and amending Regulation (EC) No 715/2007 of the European Parliament and of the Council on type-approval of motor vehicles with respect to emissions from light passenger and commercial vehicles (Euro 5 and Euro 6) and on access to vehicle repair and maintenance information.* Brüssel: Europäisches Parlament, 2008

[92] N.N.: *Schott Filter 2008 - Katalog für optische Glasfilter.* Mainz, Deutschland: Schott Glas, 2008

[93] N.N.: *California exhaust emission standards and test procedures for 2001 and subsequent model passenger cars, light-duty trucks, and medium-duty vehicles.* California Environmental Protection Agency, air resources board, 2010

[94] N.N.: Elekrisch heizbarer Katalysator Emicat®. *EMITEC Gesellschaft für Emissionstechnologie mbH* (Lohmar, Germany)

[95] NODA, T. ; FOSTER, D. E.: A Numerical Study to Control Combustion Duration of Hydrogen-Fueled HCCI by Using Multi-Zone Chemical Kinetics Simulation. *SAE Technical Paper Series* 2001-01-0250 (2001)

[96] NOGUCHI, M. ; TANAKA, Y. ; TANAKA, T. ; TAKEUCHI, Y.: A Study on Gasoline Engine Combustion by Observation of Intermediate Reactive Products. *SAE Technical Paper Series* 790840 (1979)

[97] OAKLEY, A. ; ZHAO, H. ; LADOMMATOS, N. ; MA, T.: Dilution Effects on the Controlled Auto-Ignition (CAI) Combustion of Hydrocarbon and Alcohol Fuels. *SAE Technical Paper Series* 2001-01-3606 (2001)

[98] OGINK, R.: *Computer modeling of HCCI combustion*, Division of Thermo and Fluid Dynamics. Chalmers University of Technology, Dissertation, 2004

[99] OGINK, R. ; GOLOVITCHEV, V.: Gasoline HCCI Modeling: an Engine Cycle Simulation Code with a Multi-Zone Combustion Model. *SAE Technical Paper Series* 2002-01-1745 (2002)

[100] OGURA, T. ; SAKAI, Y. ; MIYOSHI, A. ; KOSHI, M. ; DAGAUT, P.: Modeling of the Oxidation of Primary Reference Fuel in the Presence of Oxygenated Octane Improvers: Ethyl Tert-Butyl Ether and Ethanol. *Energy & Fuels* 21 (2007), S. 3233–3239

[101] ONISHI, S. ; JO, S. H. ; SHODA, K. ; JO, P. D. ; KATO, S.: Active Thermo-Atmosphere Combustion (ATAC) – A New Combustion Process for Internal Combustion Engines. *SAE Technical Paper Series* 790501 (1979)

[102] PARK, S. W. ; REITZ, R. D.: Numerical Study on the Low Emission Window of Homogeneous Charge Compression Ignition Diesel Engine. *Combustion Science and Technology* 179 (2007), Nr. 11, S. 2279–2307

[103] PERSSON, H. ; AGRELL, M. ; OLSSON, J.-O. ; JOHANSSON, B. ; STRÖM, H.: The Effect of Intake Temperature on HCCI Operation Using Negative Valve Overlap. *SAE Technical Paper Series* 2004-01-0944 (2004)

[104] PERSSON, H. ; PFEIFFER, R. ; HULTQVIST, A. ; JOHANSSON, B. ; STRÖM, H.: Cylinder-to-Cylinder and Cycle-to-Cycle Variations at HCCI Operation With Trapped Residuals. *SAE Technical Paper Series* 2005-01-0130 (2005)

[105] PETERS, N.: Laminar Flamelet Concepts in Turbulent Combustion. *Proceedings of the Combustion Institute* 21 (1986), S. 1231–1250

[106] PETZOLD, L. R.: A description of DASSL: A differential/algebraic system solver. *Sandia National Laboratories, Livermore* Technical Report SAND82-8637 (1982)

[107] PETZOLD, L. R.: A description of DASSL: A differential/algebraic system solver. In: STEPLEMAN, R. S. (Hrsg.): *IMACS Transactions on Scientific Computation* Bd. 1. 1983, S. 65–68

[108] PILLING, M. J. ; SEAKINS, P. W.: *Reaction kinetics*. Oxford University Press, 1996

[109] PREHN, H.: *Untersuchung der Reaktionsvorgänge und des Selbstzündungsverhaltens von Kohlenwasserstoff-Luft- und Sauerstoff-Gas-Mischungen in Temperaturbereichen oberhalb 1000 K*, Fakultät Maschinenwesen. Rheinisch-Westfälische Technische Hochschule Aachen, Dissertation, 1966

[110] RITTER, E. R. ; BOZZELLI, J. W.: THERM: Thermodynamic Property Estimation for Gas Phase Radicals and Molecules. *International Journal of Chemical Kinetics* 23 (1991), S. 767–778

[111] RYAN III, T. W. ; CALLAHAN, T. J.: Homogeneous Charge Compression Ignition of Diesel Fuel. *SAE Technical Paper Series* 961160 (1996)

[112] SAKAI, Y. ; MIYOSHI, A. ; KOSHI, M. ; PITZ, W. J.: A kinetic modeling study on the oxidation of primary reference fuel-toluene mixtures including cross reactions between aromatics and aliphatics. *Proceedings of the Combustion Institute* 32 (2009), S. 411–418

[113] SAUTER, W.: *Untersuchung zur homogen kompressionsgezündeten Verbrennung mit Ventilunterschneidung und Benzin-Direkteinspritzung*, Fakultät Maschinenbau. Universität Karlsruhe, Dissertation, 2007

[114] SAUTER, W. ; HENSEL, S. ; SPICHER, U. ; SCHUBERT, A. ; MAAS, U.: Untersuchung der Selbstzündungsmechanismen für einen HCCI-Benzinbetrieb im Hinblick auf NO_x und HC-Rohemissionen unter Berücksichtigung der Kennfeldtauglichkeit. *Abschlussbericht des FVV-Vorhabens Nr.831 Benzinselbstzündung* (AIF-Nr. 140Z) (2007)

[115] SCHIESSL, R.: *Untersuchung innermotorischer Verbrennungsprozesse mit laserinduzierter Fluoreszenz*, Fakultät Energietechnik. Universität Stuttgart, Dissertation, 2001

[116] SCHIESSL, R. ; SCHUBERT, A. ; MAAS, U.: Numerische Simulation zur Regelung der Selbstzündung in CAI Motoren. In: *Haus der Technik: Controlled Auto Ignition*. Essen, 2005

[117] SCHIESSL, R. ; WIRBSER, H. ; MAAS, U.: Charakterisierung des Selbstentzündungsverhaltens höherer Kohlenwasserstoffe in einer Rapid Compression Machine. In: *Motorische Verbrennung*. Tagung im Haus der Technik e.V., München, 15/16 März, 2007, S. 221–230

[118] SCHRÖDER, W.: Lohmann-Fahrrad-Motor. *Automobiltechnische Zeitschrift* 53 (1951), Nr. 4, S. 78–83

[119] SCHUBERT, A. ; SCHIESSL, R. ; MAAS, U.: A statistical model for the quantitative description of combustion in an HCCI engine. In: *Beiträge Proceedings, 7. Internationales Symposium für Verbrennungsdiagnostik*. Baden-Baden, 2006

[120] SCHULZ, C. ; SICK, V.: Tracer-LIF diagnostics: quantitative measurement of fuel concentration, temperature and fuel/air ratio in practical combustion systems. *Progress in Energy and Combustion Science* 31 (2005), S. 75–121

[121] SICK, V. ; WESTBROOK, C. K.: Diagnostic implications of the reactivity of fluorescence tracers. *Proceedings of the Combustion Institute* 32 (2009), S. 913–920

[122] SILKE, E. J. ; PITZ, W. J. ; WESTBROOK, C. K.: Detailed Chemical Kinetic Modeling of Cyclohexane Oxidation. *Journal of Physical Chemistry A* 111 (2007), S. 3761–3775

[123] SIRJEAN, B. ; BUDA, F. ; HAKKA, H. ; GLAUDE, P. A. ; FOURNET, R. ; WARTH, V. ; BATTIN-LECLERC, F. ; RUIZ-LOPEZ, M.: The autoignition of cyclopentane and cyclohexane in a shock tube. *Proceedings of the Combustion Institute* 31 (2007), S. 277–284

[124] SJÖBERG, M. ; DEC, J. E.: An Investigation of the Relationship Between Measured Intake Temperature, BDC Temperature, and Combustion Phasing for Premixed and DI HCCI Engines. *SAE Technical Paper Series* 2004-01-1900 (2004)

[125] SJÖBERG, M. ; DEC, J. E.: Smoothing HCCI Heat-Release Rates using Partial Fuel Stratification with Two-Stage Ignition Fuels. *SAE Technical Paper Series* 2006-01-0629 (2006)

[126] SJÖBERG, M. ; DEC, J. E. ; CERNANSKY, N. P.: Potential of Thermal Stratification and Combustion Retard for Reducing Pressure-Rise Rates in HCCI Engines, Based on a Multi-Zone Modeling and Experiments. *SAE Technical Paper Series* 2005-01-0113 (2005)

[127] SONG, J.: *Building robust chemical reaction mechanisms : next generation of automatic model construction software*, Department of Chemical Engineering. Massachusetts Institute of Technology, Dissertation, 2004

[128] SPICHER, U. ; BASSHUYSEN, R. van (Hrsg.): *Ottomotor mit Direkteinspritzung*. Vieweg, 2007

[129] STAHL, G. ; WARNATZ, J.: Numerical Investigation of Time-Dependent Properties and Extinction of Strained Methane- and Propane- Air Flamelets. *Combustion and Flame* 85 (1991), S. 285–299

[130] STANGLMAIER, R. H. ; ROBERTS, C. E.: Homogeneous charge compression ignition (HCCI): Benefits, compromises, and future engine applications. *SAE Technical Paper Series* 1999-01-3682 (1999)

[131] STAUCH, R.: *Detaillierte Simulation von Verbrennungsprozessen in Mehrphasensystemen*, Fakultät Maschinenbau. Universität Karlsruhe, Dissertation, 2007

[132] STAUCH, R. ; MAAS, U.: *The ignition of methanol droplets in a laminar convective environment*, Dissertation, 2008. – 45–57 S.

[133] STENLÅÅS, O. ; CHRISTENSEN, M. ; EGNELL, E. ; JOHANSSON, B. ; MAUSS, F.: Hydrogen as Homogeneous Charge Compression Ignition Engine Fuel. *SAE Technical Paper Series* 2004-01-1976 (2004)

[134] SUZUKI, H. ; KOIKE, N. ; ISHII, H. ; ODAKA, M.: Exhaust Purification of Diesel Engines by Homogeneous Charge with Compression Ignition Part 1: Experimental Investigation of Combustion and Exhaust Emissions Behavior Under Pre-Mixed Homogeneous Charge Compression Ignition Method. *SAE Technical Paper Series* 970313 (1997)

[135] TANAKA, S. ; AYALA, F. ; KECK, J. C. ; HEYWOOD, J. B.: Two-Stage ignition in HCCI combustion and HCCI control by fuels and additives. *Combustion and Flame* 132 (2003), S. 219–239

[136] THRING, R. H.: Homogeneous-Charge Compression-Ignition (HCCI) Engines. *SAE Technical Paper Series* 892068 (1989)

[137] THURBER, M. C. ; GRISCH, F. ; KIRBY, B. J. ; VOTSMEIER, M. ; HANSON, R. K.: Measurements and modeling of acetone laser-induced fluorescence with implications for temperature-imaging diagnostics. *Applied Optics* 37 (1998), Nr. 21, S. 4963–4978

[138] THURBER, M. C. ; HANSON, R. K.: Pressure and composition dependences of acetone laser-induced fluorescence with excitation at 248, 266, and 308 nm. *Applied Physics B* 69 (1999), S. 229–240

[139] TOMLIN, A. S. ; TURANYI, T. ; PILLING, M. J.: Mathematical tools for the construction, investigation and reduction of combustion mechanisms. In: PILLING, M. J. (Hrsg.): *Low Temperature Combustion and Autoignition* Bd. 35. 1997

[140] TRÖNDLE, P.: *Experimentelle Untersuchung der Gemischbildung in einem* HCCI-*Motor*, Institut für Technische Thermodynamik. Universität Karlsruhe, Diplomarbeit, 2008

[141] TURANYI, T.: Sensitivity Analysis of Complex Kinetic Systems. Tools and Applications. *Journal of Mathematical Chemistry* 5 (1990), S. 203–248

[142] WAGNER, D.: *Untersuchung der Oxidation von Propan bei Temperaturen von 700 bis 1200 Kelvin*, Fakultät Maschinenbau. Universität Karlsruhe, Dissertation, 2005

[143] WANG, S. ; MILLER, D. L. ; CERNANSKY, N. P. ; CURRAN, H. J. ; PITZ, W. J. ; WESTBROOK, C. K.: Modeling study of neopentane oxidation in a pressurized flow reactor at 8 atmospheres. *Combustion and Flame* 118 (1999), S. 415–430

[144] WARNATZ, J.: Resolution of gas phase and surface combustion chemistry into elementary reactions. *Proceedings of the Combustion Institute* 24 (1992), S. 553–579

[145] WARNATZ, J. ; MAAS, U. ; DIBBLE, R. W.: *Verbrennung*. Springer, 2001. – 3rdedition

[146] WARTH, V. ; STEF, N. ; GLAUDE, P. A. ; BATTIN-LECLERC, F. ; CÔME, G. M.:
Computer-Aided Derivation of Gas-Phase Oxidation Mechanisms: Application to
the Modeling of the Oxidation of n-Butane. *Combustion and Flame* 114 (1998), S.
81–102

[147] WENZEL, P. ; STEINER, R. ; KRÜGER, C. ; SCHIESSL, R. ; HOFRATH, C. ; MAAS,
U.: 3D–CFD Simulation of DI–Diesel Combustion applying a Progress Variable
Approach accounting for detailed Chemistry. *SAE Technical Paper Series* 2007-01-
4137 (2007)

[148] WESTBROOK, C. K.: Chemical Kinetics of Hydrocarbon Ignition in Practical Combustion Systems. *Proceedings of the Combustion Institute* 28 (2000), S. 1563–1577

[149] WESTBROOK, C. K. ; PITZ, W. J. ; HERBINET, O. ; CURRAN, H. J. ; SILKE, E. J.: A
comprehensive detailed chemical kinetic reaction mechanism for combustion of
n-alkane hydrocarbons from n-octane to n-hexadecane. *Combustion and Flame* 156
(2009), S. 181–199

[150] WOLFF, D.: *Quantitative laserdiagnostische Untersuchung der Gemischaufbereitung in
technischen Verbrennungssystemen*, Fakultät für Physik. Universität Bielefeld, Dissertation, 1995

[151] WOSCHNI, G.: A universally applicable equation for the instantaneous heat transfer coefficient in the internal combustion engine. *SAE Technical Paper Series* 670931
(1967)

[152] XIE, H. ; WEI, Z. ; HE, B. ; ZHAO, H.: Comparison of HCCI Combustion Respec-
tively Fueled with Gasoline, Ethanol and Methanol through the Trapped Residual
Gas Strategy. *SAE Technical Paper Series* 2006-01-0635 (2006)

[153] YAMADA, H. ; SUZAKI, K. ; TEZAKI, A. ; GOTO, Y.: Transition from cool flame to
thermal flame in compression ignition process. *Combustion and Flame* 154 (2008),
S. 248–258

[154] YAP, D. ; MEGARITIS, A. ; WYSZYNSKI, M. L.: An Experimental Study of Bioetha-
nol HCCI. *Combustion Science and Technology* 177 (2005), Nr. 11, S. 2039–2058

[155] YUEN, L. S. ; PETERS, J. E. ; LUCHT, R. P.: Pressure dependence of laser-induced
fluorescence from acetone. *Applied Optics* 36 (1997), Nr. 15, S. 3271–3277

Danksagung

Die vorliegende Arbeit entstand während meiner Tätigkeit als wissenschaftlicher Mitarbeiter am Institut für Technische Thermodynamik des Karlsruher Instituts für Technologie. Mein Dank gilt zahlreichen Personen, die zum Gelingen dieser Arbeit beigetragen haben.

Herzlich bedanken möchte ich mich bei meinem Betreuer Prof. Dr. rer. nat. Ulrich Maas für seine Unterstützung und die Möglichkeit, diese Arbeit an seinem Institut durchzuführen, sowie für das in mich gesetzte Vertrauen und die große Freiheit bei der Gestaltung meines Projekts.

Darüber hinaus möchte ich Prof. Dr.-Ing. Ulrich Spicher für das Interesse an dieser Arbeit und die Übernahme des Korreferats danken.

Weiterhin danke ich meinen Kollegen am ITT in Karlsruhe für die außerordentlich freundschaftliche und produktive Arbeitsatmosphäre und Zusammenarbeit. Insbesondere meinem langjährigen Zimmerkollegen Rainer Stauch für seine Unterstützung bei der Weiterentwicklung der Simulationstools und seine Hilfe bei jeglicher Art von Problemen. Des Weiteren bei meinen Kollegen Max Magar und Stefan Lipp für die sportlichen Aktivitäten neben der Arbeit. Bei Mark Scherr und Christian Hofrath für die Geduld bei vielen Diskussionen und natürlich für die Versorgung mit dem besten Kaffee in ganz Karlsruhe. Florian Zieker für seine Unterstützung im experimentellen Bereich und sein Wissen über jegliche Belange der Verwaltung. Heiner Wirbser für die Unterstützung beim Aufbau des Forschungsmotors und Robert Schießl für seine ständige Bereitschaft, bei Fragen hilfreich zur Seite zu stehen. Ebenfalls möchte ich meinen Kollegen aus der Zeit am ITV in Stuttgart für die gute Arbeitsatmosphäre danken. Besonders Oliver Maiwald, der durch seine Art und seinen Enthusiasmus mein Interesse für die wissenschaftliche Arbeit auf diesem Gebiet geweckt hat. Meinen Studien- und Diplomarbeitern sowie meinen HiWis danke ich für die Beiträge zur Weiterentwicklung der Simulationstools und der Durchführung und Aufbereitung einiger Simulationen. Besonders meinem Nachfolger Philipp Tröndle, der überaus engagiert die Experimente mit voran getrieben hat.

Dem Obmann des FVV-Arbeitskreises Dr.-Ing. Martin Berckmüller danke ich stellvertretend für die Abwicklung und Organisation des FVV-Vorhabens „Benzinselbstzündung". Ebenfalls danke ich den Mitarbeitern des Instituts für Kolbenmaschinen, Werner Sauter und Sebastian Hensel, für die gute Zusammenarbeit.

Zum Schluss danke ich meiner Familie für ihre Unterstützung und ihr Verständnis. Mein größter Dank jedoch gilt Ricarda S. - einfach für ALLES.

Lebenslauf

Personalien

Name	Alexander Marc Schubert
Geburtsdatum	02. Oktober 1978
Geburtsort	Schwäbisch Gmünd

Werdegang

08/1989 - 06/1998	Werner Heisenberg Gymnasium, Göppingen
10/1998 - 11/2003	Studium des Maschinenwesens, Universität Stuttgart
01/2004 - 10/2004	Wissenschaftlicher Mitarbeiter am Institut für Technische Verbrennung (ITV), Universität Stuttgart
11/2004 - 12/2008	Wissenschaftlicher Mitarbeiter am Institut für Technische Thermodynamik (ITT), Universität Karlsruhe (TH)
seit 2009	Mitarbeiter der Bertrandt Ingenierbüro GmbH, Neckarsulm